淡海文庫23

新びわこ宣言

毎日新聞社大津支局 編

はじめに

二十一世紀を形容する代表的な冠言葉の一つに「環境の世紀」が挙げられる。石油を中心とした化石燃料の大量消費が生み出した交通機関の飛躍的な発達。二度にわたる世界大戦などによって為しえた科学技術の圧倒的な進歩で、人類は有史以来、最大の繁栄と発展を手にした。また、ＩＴ（情報技術）化の劇的な伸展で、地球上の出来事が居ながらにして瞬時に把握できるようになった。半面、技術力の「暴走」は、地球を何千回、何万回も壊せるほどの核兵器を持ってしまった。先進国と発展途上国の南北格差に見られる「富の偏在」もより鮮明にした。「繁栄」と「発展」の陰で、環境問題は先送りされ、ＩＴ化もその問題解決には直接は役立たなかった。

環境に多大な負荷を与え続けた結果、地球温暖化やオゾンホール、酸性雨問題と言った、一国の努力や少数の人の英知だけでは解決しえない、さまざまな地球規模の矛盾を「二十世紀」は抱え込んだ。二十一世紀は何とか迎えられたが、このままでは二十二世紀を迎えられないのではないかという不安が、あながち杞憂とは言えないほど深刻化しているのも事実だ。

淡水資源の問題もそのひとつである。地球上にある水は、海水がほとんどで、淡水は三％にも満たないという。しかもその大部分が南極と北極の氷、そして地下水であり、利用できる水はさらに限られる。

そのわずかな淡水に、六十億近い人が、すがっている現実を知ると、なにやら粛然とした気持ちにさせられるし、その保全に真剣に取り組まないといけない、という思いを抱かずにはいられなくなる。

しかし、その淡水ですら、一部の先進国が大部分を消費しているのが実情で、多くの発展途上国では「安全な飲み水」の確保すら覚束ない危機的状況に陥っている実態は、経済格差など他の問題と同様である。

これらの課題をなんとか克服しようと開かれたのが世界湖沼会議だった。一九八四（昭和五九）年に第一回会議が滋賀県大津市で開かれた。湖沼保全のあり方や淡水資源の治水、利水の問題に、市民や研究者、行政が連帯して取り組み、子孫に良質な淡水資源を引き継いでいくための知恵と対策、方法などを話し合った。

日本では九五（平成七）年の第六回会議（茨城県・霞ヶ浦）に続き、三度目の開催となる第九回会議が、二〇〇一（平成一三）年十一月十一日から六日間、再び大津市で開かれた。十七年ぶりの「里帰り会議」で、その成果が大いに期待された。

本書は、世界湖沼会議の意義を県民や読者に周知してもらい、会議の盛り上げも意図して同年一月から十二月まで毎日新聞滋賀版で四十回に渡って連載した「新びわこ宣言」がもとになっている。

「日本一大きな」そして「世界有数の古代湖」である琵琶湖は滋賀県民にとって、最も親しく近しい湖である。また、近畿の大多数の人にとっても「命」をつなぐ飲み水であり、千四百万人が常時、利用する大切な資源である。蛇足だが、滋賀県民が琵琶湖を飲料水としている比率は七〇％台だが、大阪府民は九〇％台後半という高率になっている。

それほど、かけがえのない湖なのに、上水道が完備したころから、その水をはぐくむ琵琶湖への関心やつながり、想いといったものが、むしろ低くなり、薄くなったのではないか、と私には思える。事実、そういうアンケート結果も公表されている。

一九七二（昭和四七）年から四半世紀に渡って行われた琵琶湖の治水、利水を目的にした「琵琶湖総合開発事業」の結果、湖の周囲がコンクリート護岸で覆われ、人々の気持ちが琵琶湖から遠くなった。それに呼応して関心も薄れてきたとよく言われる。

川がコンクリートで三面張りされた途端に、人々の関心が川から離れ、反対にごみが捨てられ始めるという現象と相通じるものといえそうだ。「琵琶湖」も残念ながら、例外ではありえなかった。

この企画はそういう状況の中でも、さまざまな分野で琵琶湖の再生に挑んでいる人々を多角的に取り上げたつもりである。

第一回の前文はこう書き出されている。

かけがえのない「いのちの水」を次の世代へ――。それぞれの立場で、琵琶湖の青い湖面の再生を願って取り組みを続けている人たち。世界湖沼会議が湖畔で開かれる二〇〇一年にあたり、その人々の姿を追い、一年間にわたって、二十一世紀の新しい「びわこ宣言」をつくっていきたい。

本書を一読すれば、分かっていただけるが、図書館司書を務めながら市民団体を立ち上げた小坂育子さんや大学教授を定年退官後、江戸時代から続く家業のヨシ卸業を継ぎ、各方面でヨシ保全を訴えている西川嘉広さん。また、野鳥の代弁者となっている湖北野鳥センター専門員の清水幸男さんら、それぞれの立場で地道にしかも熱意を持って取り組んでおられる方ばかりだ。

職業だけでみても、財団法人国際湖沼環境委員会（ＩＬＥＣ）事務局長、写真家、船長、役者兼舞台プロデューサー、漁師、地方公務員、歌手、林業者、学芸員、農業者、ＮＰＯ（非営利組織）従事者、美術教師、知事など実に多岐に渡っている。

ただ、これらの人が琵琶湖の環境保全に取り組むすべてでないことは言うまでもない。連載期間が限られ、保全に懸命に取り組みながら取材できなかった人が多いことをあらかじめお断りしておきたい。

本書では「新びわこ宣言」と同時に滋賀版に連載した写真企画「琵琶湖時代周航」も併載した。最も古い写真は一九三〇（昭和五）年ごろの「琵琶湖疏水」である。その他は戦後の写真が多いが、この数十年の琵琶湖の変貌ぶりには、ただただ驚かされる。

第九回世界湖沼会議のパネルディスカッションで、滋賀県で生まれ育った五十歳台の県庁幹部が「子どものころ、下校後に琵琶湖で小魚を捕るのが無上の喜びだった。それが夕餉の食卓に上るのも自慢だった。あれから四十年以上の歳月が流れたが、何とかして当時の湖に戻したい。みんなの力を合わせれば可能だと思う。行政の立場で頑張りたい」と述べたのが印象的だった。

私たちが四十年前に戻る覚悟を持って、当時の不自由さを我慢しさえすれば、水質改善はかなりの確率で達成できると研究者は言う。すでにそういう生き方を実践している人もいる。しかし、大多数の人は、今の生活レベルを享受しながら、「環境も守りたい」というのが本音だろう。

二十九カ国、約二千二百人が集った第一回世界湖沼会議。十七年後の第九回では、過去最多となる七十五の国と地域から約三千六百人の参加を得て、一定の成果を見て閉幕した。しかし、淡水資源を守る運動を人類共通の問題と考え、課題を克服するには、まだまだ超えるべきハードルが多いという印象をぬぐえなかった。一人ひとりが自分自身の問題として、チャレンジしていけるかが大きなカギを握るのだろう。

ともあれ、この企画で何かが解決できるとは毛頭思っていない。ただ、保全に真剣に取り組む人たちを紹介することで、現在そしてこれからの水環境をともに考え、一緒に行動してくれる人がひとりでも多く出てくれれば、これに勝る喜びはない。

琵琶湖をはじめとする淡水環境を汚したのも人なら、その問題に取り組み、克服していくのも、やはり人以外にはいないと思うからだ。やや楽天的に過ぎるかもしれないが、そう考えたい。

この企画には連載時、大津支局に在籍した記者十七人が携わった。特に湖沼会議取材班のキャップを務めた宇城昇記者（現・大阪社会部）とすべての原稿のデスクワークを担当した松田秀敏次長（現・大阪地方部デスク）の労を多としたい。

出版に際し、取り上げた方の肩書きは新聞掲載時のままとしたことをお断りしておく。

毎日新聞大津支局長　**尾　賀　省　三**

目次

まえがき

セタシジミの完全復活が願い……12
彦根市松原漁協組合長　中山幸雄さん

●琵琶湖疏水（一九三〇年ごろ）／15

琵琶湖の教訓、世界に……16
県琵琶湖研究所所長　中村正久さん

●海津大崎（一九三六年）／19

国際ネットワーク、学生で作りたい……20
世界湖沼会議学生セッション実行委員　西尾好未さん

●旧琵琶湖ホテル（一九三六年）／23

環境守って湖上レジャー……24
Green Wave
緑とやすらぎのある新海浜を守る会 代表　井上哲也さん

●やな漁（一九三七年）／27

アフリカの湖畔の村で確かめた「水はいのち」……28
水と文化研究会事務局長　小坂育子さん

●菅浦（一九五八年）／31

美しい湖畔の原風景、ヨシ原保全を訴える……32
ヨシ卸業「西川嘉右衛門商店」会長　西川嘉広さん

●東洋紡績堅田工場（一九五九年）／35

湖沼会議が、NGOや市民相互の交流やレベルアップにつながってほしい……36
国際湖沼環境委員会事務局長　小谷博哉さん

●唐崎の松（一九六一年）／39

ヨシの群生は鳥の楽園、写真展通じ啓発活動……40
日本写真家協会会員　前田伸一さん

環境問題は現状を知ることから始まる……44
琵琶湖水鳥・湿地センター湖北野鳥センター専門員　清水幸男さん

生活する人たちの努力できれいな水と生命の源に……48
琵琶湖汽船「ミシガン」船長　深田　栄さん

湖への思い賛歌に、創作劇を上演……52
テアトル・ネットワーク「湖人の会」事務局長　谷田昌蔵さん

訪れる人らも巻き込み昔の景観取り戻したい……56
彦根で湖岸掃除を続ける　脇坂富蔵さん

魚が産卵できる内湖が琵琶湖の水環境を良くする……60
守山漁協組合長　北村　勇さん

●近江舞子（一九六二年）／63

ヨシと粘土は地球家族、価値観を訴え続けたい……64
「かわらミュージアム」館長　菊井　了さん

●柳が崎（一九六三年）／67

若者や他府県からの人に情報発信したい……68
歌手　川本　勇さん
●琵琶湖大橋（一九六四年）／71
豊かな山からの美しい水、「森林税」で後進育てたい……72
「永遠の森」を育てる　藤本　孝さん
研究課題は山ほど、奥が深い湖の魅力……76
琵琶湖博物館学芸員　芦谷美奈子さん
●えり立て（一九六五年）／79
かつての自然水田、自らの手で復興を……80
農薬や化学肥料を使わない「不耕起栽培」に取り組む　伊佐恒範さん
●えり漁（一九六五年）／83
湖の生態環境学び、自然保護に貢献を……84
「びわ湖NPOネット」運営にかかわる　折目真理子さん
●大中の湖（一九六〇年代半ば）／87
一〇〇年先の成果を夢見て私たちに出来ることを……88
湖北の山にブナを植える会事務局長　堀江　諭さん
●津田内湖（一九六七年）／91
「環境問題」を身近に感じてもらう活動を……92
NGO「エコ村ネットワーキング」副会長　西尾久美子さん
●膳所浜（一九六八年）／95
物言えぬ生物に代わり、作品で自然回復訴える……96
粘土で魚などを制作している土の創作作家　楠　照道さん
●玻璃丸（一九六八年）／99
釣り具のポイ捨て深刻、マナー向上を呼びかけ……100
琵琶湖でルアーの回収をしている　長谷川広海さん
●永源寺ダム（一九七一年）／103
湖面や砂浜のゴミ回収、今の美しさ守る機運を……104
多景島・見塔寺住職　勝見龍照さん
●奥琵琶湖パークウェイ（一九七一年）／107
「私たちの湖」に関心持ち大事にしようとの意識を……108
琵琶湖の魚を細密画で描く　今森洋輔さん
●早崎内湖干拓地（一九七三年）／111
外来魚対策に時間なし、漁業者の立場で訴える……112
県漁業協同組合連合青年会会長理事　戸田直弘さん
●大同川（一九七三年）／115
自分たちで「何とかせな」地元の不法投棄ゴミ回収……116
「龍門町の自然を考えての会」発起人　中井英義さん
●大同川（一九七三年）／119
固有種保護へ外来魚の駆除活動根付かせたい……120
「琵琶湖を戻す会」代表　高田昌彦さん
●近江大橋（一九七四年）／123
子育てする大切な場所、釣り針や糸を捨てないで……124
草津でコハクチョウの保護活動を続ける　松村　勝さん
●矢橋帰帆島（一九七五年）／127
減った家庭雑排水流入、小魚泳ぎホタルも飛ぶ……128
米川支流環境づくり協議会会長　服部和吉さん
●萩の浜（一九七七年）／131

水と人との在り方探り新しい文化を創造しよう…132
蒲生野考現倶楽部事務局長　井阪尚司さん
●西の湖（一九七八年）／135
親子二代、保護への情熱、光の〝舞い〟今よみがえる……136
守山市ほたる研究会会長　南喜右衛門さん
●野洲川放水路（一九七八年）／139
子供たちに自然を守る大切さ学んでほしい………140
メダカの学校小田分校校長　三崎英一さん
三十年、肌で感じる汚れ、少しでもきれいに………144
立命館大ヨット部監督　恵谷　徹さん
●白鬚神社（一九七九年）／147
琵琶総の功罪総括し、ダム計画の見直しを………148
風景画家　ブライアン・ウイリアムズさん
水生生物の引っ越し成功　絶滅寸前のホタル復活……152
秦荘町自然観察会代表　西澤一弘さん
自然の響き楽しんで水の循環を理解して………156
湖童音楽祭スタッフ　進　浩子さん
●藻の大量発生（一九八二年）／160
業界の〝常識〟一から見直し環境重視、地場産業の責任………160
旅館「びわ湖花街道」若女将　佐藤祐子さん
●追いさで漁（一九八二年）／163
琵琶総で魚が突如消えた。先人の知恵学び浄化を……164
琵琶湖の漁師　松岡正富さん
●赤潮（一九八四年）／167
メダカがすめる環境へ、川の上流から浄化を………168
淡海めだかの学校・事務局　小林晶子さん
●ヨシ原（一九八四年）／171
緑豊かな草津川と貴重な堤防残したい………172
「くさつ・自然環境を考える会」代表　松本登美子さん
●国際交流（一九八四年）／179
「水鳥の目線で」見た風景、素晴らしさを多くの人に…176
「カヌーでめぐる湖」を出版した　岡田明彦さん
膜分離技術で水質高め、飲料水とし提供したい………180
水処理膜を研究する東レ常務理事　栗原　優さん
湖沼会議は出会いの機会、パートナーシップまだ過渡期……184
知事　国松善次さん
湖沼会議からのメッセージ………188
連載を終えて………201

セタシジミの完全復活が願い

彦根市松原漁協組合長
中山幸雄さん

「湖底が（シジミで）真っ黒になるまでは望まないが、セタシジミを完全復活させるのが願い。仔《し》貝の放流が成功すれば、一〇～二〇年後の実現も夢ではない」。琵琶湖の固有種、セタシジミの増殖にかける思いをこう話す。

彦根市松原―米原町沖の琵琶湖に、県水産試験場が確立した増殖技術で養殖した仔貝の放流を始めて四年余。手応えを徐々に感じ始めているといい、漁船の手入れをする姿にも半世紀以上を湖で生きてきた男の思いがにじみ出る。

セタシジミは水深一〇メートルまでの砂地に生息し、大きさは三～四センチ。

「産卵数が少ないなど生態的にほかのシジミと比べて繁殖しにくい。加えて埋め立てや汚水流入、乱獲などで漁獲は激減した」と嘆く。一九六〇年代には年間約六〇〇〇トンの漁獲があったが、近年は三〇〇トンを切るという。

「わしが漁に出始めたころ（五十余年前）は、十数メートル沖から湖底は真っ黒になるほどやった。今では想像もつかんやろけどほんまや」と懐かしむ。「それに比べて今の琵琶湖はまるで〝汚水〟だめ。これではシジミも育たんわな」と顔を曇らせた。最高時には松原だけでも四十人近い漁師がいたが、不漁続きで次々とおかに上がり、今では六人だけ。

そんな中、「何とか資源復活を」と、県漁連が始めた仔貝放流事業に参加。松原沖に設けた五万平方メートルの保護区域に毎年六〜七月、約一〇億個を放流している。「組合員が交代で放流するが、〝資源保護〟の思いは日々強くなっている」

なかやま・ゆきお　彦根市松原在住、1927年生まれ。19歳で漁師に。セタシジミ漁一筋で20歳代から松原漁協の役員を歴任。彦根市漁業協同組合連合会長、県漁連幹事、県水産振興協会評議員。

と言う。

直径〇・二ミリの仔貝が四～五年後に二センチほどになるが、生存率は一～二％と極めて低い。「気の遠くなるような活動だが続けなくては。これは漁師としての責任感だけではなく、セタシジミとともに生きてきた男のロマン」とも。体長二センチ以下のものは採らないと決めたほか、水草の除去など漁場管理をしたり、定期的に成長、生存の調査も行う。

「責任の一端は漁師側にもある。昔の琵琶湖の光景はもう見られないのは分かっているが、何とかセタシジミ復活への道筋をつけ、若い漁業者に引き継ぐのがわしらの仕事」と締めくくった。

【松井圀夫】

琵琶湖疏水 1930年ごろ

大津と京都を結ぶ琵琶湖疏水は、一八八五（明治一八）年から五年間の工事で完成した。一一キロ余りの水路建設は、日本の近代土木技術の草分けともいうべき事業。注目されるのは、一世紀以上も前に環境・景観への配慮が尽くされていたことだ。

壁面のレンガは馬てい形の美しいカーブを描き、両岸には桜が植えられた。春になると、新緑に映える流れとピンクのコントラストが素晴らしい。京都・蹴上の支流は「哲学の道」として整備され、人々に親しまれている。写真は大津市長等の取水口付近。昭和初期の風景だが、現在も変わらぬ落ち着きを保つ。

「開発」と「環境」とは二者択一のものと考えられた二十世紀後半。しかし、その二つは調和するものであることを、先人が築いた遺産は教えてくれる。【宇城昇】

琵琶湖の教訓、世界に

県琵琶湖研究所所長
中村正久さん

「世界の湖沼問題に琵琶湖の経験をどう役立てるのか、〝ポスト湖沼会議〟を意識していかないといけない」――。

研究者の立場から湖沼問題と取り組み、国際湖沼環境委員会（ＩＬＥＣ）の理事、科学委員として世界湖沼会議の運営にかかわってきた。環境保全の歴史で、一九八四年に第一回会議が開かれた県へ、新世紀の始まりの年に世界湖沼会議が戻ってくるという〝里帰り会議〟への期待は大きい。「前回は琵琶湖総合開発の最初の一〇年が終わり、赤潮の問題やせっけん運動が起き、科学的に取り組まないといけないと言われ始めた時期だった」と振り返る。

そして一七年。「リンの減少などで湖底の状態は改善されてきたが、一方で窒素やCOD（化学的酸素要求量）の値が上がるという現象も起きている。また、複雑な仕組みで均衡を取ってきた生態系が、一度何かあるとバタバタおかしくなるという感じになっている」と危機感を募らせる。

開発の問題を抱えながら続けられてきた琵琶湖の環境保全。「これまでの積み重ねを振り返ることが大切。〝琵琶総〟以前なら何ができたのか、ということも考えたい。湖と集水域の環境がどう変わったか。何が出来て何が出来なかったのか、具体的な現象面で振り返る必要がある」と話す。

前回会議の琵琶湖宣言では市民、行政、研究者のパートナーシップがうたわれた。今は社会システムとして環境保全を

なかむら・まさひさ　大津市月輪在住、56歳。北海道大工学部衛生工学科卒。米・ケンタッキー州ルイビル大環境工学科助教授、世界保健機構西太平洋地域環境センター勤務などを経て93年4月から現職。

考える方向へと変わりつつある。「外国のＮＧＯは、専門的知識を持ち、専門家集団を抱えて行政に提言できるような能力もある。国内のＮＧＯも力をつけることが、社会システムとして環境保全を機能させるためには必要」と期待する。

「例えば外来魚に固有種が駆逐されているのは他国の湖沼も抱える問題。われわれ研究者も、琵琶湖のことだけやっていればいいというのではない。他国の研究にも通じ、世界との橋渡し役も琵琶湖研究所の役割」という。「世界で日本がイニシアチブを取れる分野は数少ない。今年の会議は、いろんな国の湖沼問題に、琵琶湖での経験を生かすための足がかりにしたい」

【田倉直彦】

海津大崎　1936年

断崖が湖に迫り、突き出した岩が波に洗われる海津大崎（マキノ町）は、琵琶湖でも有数の観光名所。一九四九（昭和二四）年に「暁霧《ぎょうむ》海津大崎の岩礁」として、琵琶湖八景に数えられた。

海津は平安時代から琵琶湖北岸の港町として栄えた。敦賀から山を越えて、米などを畿内に運んだ。明治以降、鉄道網と道路網の整備で船運は衰退。往年の繁栄は失われたが、周遊道路の完成で、観光地として生まれ変わった。

写真は、一九三六（昭和十一）年に開通した第一号トンネルを写した。道路がまだ舗装されておらず、砂利道に自然の砂浜が迫っている。開通を記念して、道路沿いに一〇〇〇本の桜が植えられた。今では、湖国を代表する桜の名所になった。【宇城昇】

国際ネットワーク、学生で作りたい

世界湖沼会議学生セッション実行委員
西尾好未さん

「研究者のネットワークに助けてもらったり。本当に人に恵まれている、と感じています」

湖沼会議では、湖沼の研究にかかわる各国の学生が議論する「学生セッション」が設けられる。学生の自主企画で、その準備を担当するグループの運営を切り盛りしている。

二〇〇〇年十一月には、一〇カ国以上の学生を招いた「プレセッション」を開いた。参加者を集めるのが、学生にとっては一苦労。大学の教授や研究で知り合った学者、インターンとしてかかわっている国連環境計画(UNEP)などに頼って、欧米や東南アジアから参加があった。

一口に湖沼と言っても、生態系や水質保全、環境政策など、学生の専門分野はばらばら。研究者の縦割りの学会でなく、横断的なネットワークを組めるのが、学生の強みだ。それは、将来の人脈にもなる。

「近くホームページを開設し、国際的なネットワークづくりを本格化したい」と言う。

にしお・よしみ　大津市富士見台、24歳。県立大修士課程。専門は環境社会学。2000年11月の「世界湖沼会議プレ学生セッション」では、実行委員会代表を務めた。

琵琶湖に接して、まだ日は浅い。出身は横浜市。県立大への進学に伴い、五年前から大津市に住む。卒業論文で、環境系の市民団体のネットワーク論をテーマに取り上げ、琵琶湖への興味が膨らんだ。

デンマークであった前回の湖沼会議に参加した県内の学生が「自分たちに出来ることはないか」と自主企画の開催を提

案。そこに参加し、今では一〇人いるグループの中心だ。

琵琶湖と長年暮らしてきた人々と若い世代では、湖に対する思い入れが違う。「私たちが行くのは湖畔でバーベキューをしたり、釣りをしたり、と遊ぶ時で、特別な〝ハレ〟の日。生活が水とともにあった時代の琵琶湖は、日常的な〝ケ〟の存在だったんですが」。専門の社会学の立場から、こんな説明をする。

修士論文では「学生セッションにからめて、国内外の湖沼をめぐる学生の環境意識を比較してみたい」と話す。

本番の学生セッションでは、「プレ」の倍以上の国からの参加が目標。新しい世代のネットワークを広げる第一歩だ。

【宇城昇】

旧琵琶湖ホテル　1936年

一九三四（昭和九）年十月、大津市柳が崎に県内最初の洋風ホテルとして完成した「琵琶湖ホテル」。写真は二年後の三六年撮影で、真新しい本館の外観を伝えている。

「琵琶湖を国際的な観光地に」という政府・県の政策に基づく建設。桃山風の破風造りの外観と洋風の内装が異国情緒をかもし、人気を呼んだ。国賓や皇族を迎え、ヘレン・ケラーや米俳優のジョン・ウェイン、マラソン選手のアベベ・ビキラも宿泊した。

戦後はアメリカ軍に接収され、宿舎に転用された時期もあった。老朽化が進み、九八年十月に浜大津へ新設移転。旧館は二〇〇〇年、大津市文化財の指定を受け、市民ギャラリーなどへの活用が決まっている。

【宇城昇】

環境守って湖上レジャー

Green Wave
緑とやすらぎのある新海浜を守る会代表
井上哲也さん

「二〇年前は、手漕《こ》ぎボートをゆったりと漕ぐ人がいて、風の日にはウインドサーフィンのカラフルな帆が舞う、穏やかで、のどかな水泳場でした」

緑と安らぎのある琵琶湖岸の環境を守ろうと、二〇〇〇年五月、地元の住民やウインドサーファーの有志らと市民グループを結成。湖岸の松林の保全活動を進め、その背景にある湖上レジャーが抱える問題にも取り組んでいる。

大阪府出身。大学時代に琵琶湖でウインドサーフィンを楽しみ、美しさに魅せられた。「自然に恵まれ、湖を感じとれる場所に住みたいな」と思い、六年前、慣れ親しんだ彦根市新海浜地域の湖岸に移り住んだ。

約三キロにわたる浜辺は、保安林として松林が整備されている。しかし、水上バイクの搬入用車両が浜へ乗り入れ、松林の減少が目立つようになった。

「行政側の対策は、車両が出入りする場所にくいを打ったり、看板を立てるなど場当たり的。条例など法的規制をすべきだ。出艇場所は、管理者がいるマリーナや漁港などに限定すべきでは」と提案する。

いのうえ・てつや　彦根市新海浜在住、37歳。勤務先の酒造メーカーでは環境部門を担当。今秋の世界湖沼会議では湖上レジャーの在り方について研究成果を発表予定。

もちろん自ら率先して行動している。二〇〇〇年十一月には市民グループの仲間と、車の進入や砂浜の侵食などで失われた松林を修復しようと、松の苗木五〇〇本を湖岸に植えた。「一〇年、二〇年先に立派な松林が復活すれば」と期待を込める。

ほかにも問題は多い。水上バイクの騒音、排ガス、オイルの悪臭や水質への影響……。「遠方から豊かな自然を期待して来た家族連れが、悪臭の中でバーベキューをして帰る。地元住民として申し訳ない。一〇〇〇cc・2ストロークエンジンの水上バイクが、水中に排ガスを出して疾走する。これは湖全体の水質汚染の問題。水上バイクの環境影響調査や法規制も必要な時期だと思う」

「一度壊されたものは、修復に時間が掛かり、コストもかかる。もっと予防の視点を持つべきだ。行政側も、もっと琵琶湖へ足を運んで現実を見てほしい。二十一世紀を生きる子どもたちに、一〇年前のあのきれいな松林を、安らぎのある琵琶湖を残してあげたい。環境負荷の少ない湖上レジャーを提案していきたい」

【井沢真】

やな漁 1937年

琵琶湖の伝統的な定置網漁法といえば「えり」だが、河川では「やな」が代表格。中世以前から、野洲川や瀬田川で行われていた記録があり、その歴史は古い。

竹や木ぐいなどで堰《せき》を作って誘導部を設け、流れてくる魚を棚や囲いなどで捕らえる。冬場に仕掛けを作り、春先から夏場にかけてそ上して来るアユを採る。

写真は、伊吹南麓の水を集めて米原町で琵琶湖に注ぐ天野川で、三七（昭和十二）年三月に撮影された。木船をこぐ漁師の服装が時代を感じさせる。町役場によると、やな漁は今も盛んという。

【宇城昇】

アフリカの湖畔の村で確かめた「水はいのち」

水と文化研究会事務局長
小坂育子さん

灼熱《しゃくねつ》のアフリカ、南東部・マラウイ。白砂のマラウイ湖畔で見た人々の暮らしは、かつて日本でも脈々と続いていた「水と生活のかかわり」を思い起こさせた。「湖の水で主食のトウモロコシの粉をとぎ、洗濯をし、ふろ代わりに水浴びをする。湖魚は食卓に上るだけでなく、マーケットで売って収入を得る。水くみの仕事は子どもの役目で遊びは魚釣り。湖は完全に生活の場になっているんです」

市民団体「水と文化研究会」のメンバー四人と同湖を訪れたのは、二〇〇〇年十月上旬。二年前まで井戸もなかったという村に、二週間滞在した。

なぜ、遠いアフリカの地を目指したのか。

「生活の中で、工夫しながら水を使い回す。使い捨て文化の日本では分からない、『水の大切さ』を確かめたかった」

村人と共同で水の使い方を調査した。水と深くつながっている暮らしは、四十年ほど前まで日本にもあった光景。村人は「水は命」と語った。約十年前、琵琶湖畔の民家を訪ねて歩き、生活と水のかかわりを「水環境カルテ」にまとめたときも、年配の住民は同じセリフを言った。

「両親の世代までは水の貴重さが伝承されてきたが、今では、子どもたちは『川の水は汚い』と言う。世代の断絶は大きい。昔の生活を体験し、語れる人は高齢化している。私たちが、世代をつなぐ橋渡し役を務めないと」

三重県上野市生まれ。結婚して琵琶湖畔に移り住んで二六年。ホタルの生態観察を通して水と生活のかかわりを調べる「ホタルダス」

こさか・いくこ　志賀町立図書館司書。1947年生まれ。同町小野水明１。水と文化研究会のホームページはhttp：//koayu.eri.co.jp/Mizubun/

調査に一〇年かかわり、九九年にデンマークであった前回の湖沼会議では日本のNGO（非政府組織）代表として、成果を発表した。

暮らしと水環境を調べていると、失われたものの大きさに気付く。上下水道の整備で、確かに暮らしは便利になった。しかし、自然とともにある「生きることの原風景」は消え去った。大地に生きるマラウイの人々と接して、その思いを強くした。

二〇〇〇年末から、ホタルが生息する水辺を調査する「ホタルダス2」を始めた。注目するのは、農業用水や生活用水。「身近な水環境を調べることで、生活と水のかかわりを考える機会になれば」と言う。

「水道の蛇口から出る水はどこに流れて行くのか考えると、汚れた水を琵琶湖に流さない工夫につながる。そうした『心の豊かさ』を二十一世紀の世代に引き継ぎたい」

【宇城昇】

菅浦 1958年

葛籠尾《つづらお》半島西岸の集落、西浅井村（現・西浅井町）菅浦と大浦を結ぶ湖周の道路が開通したのは、五八（昭和三三）年八月二十九日。翌日の毎日新聞は「陸の孤島の悩み解消」の見出しで、その様子を伝えた。

菅浦は山と湖に挟まれ、近隣集落への交通手段は船に限られていた。通学や急病人の発生など、住民の積年の悩みは道路の開通で解消された。

写真では遠方に竹生島が写っているが、もともと風光明美な地。七一（同四六）年には半島を貫く奥琵琶湖パークウエイも開通し、湖北の観光名所となっている。

【宇城昇】

美しい湖畔の原風景、ヨシ原保全を訴える

ヨシ卸業「西川嘉右衛門《かうえもん》商店」会長
西川嘉広さん

茶褐色に立ち枯れた冬のヨシ原が、いちばん好きな光景という。

「夕日にきらきらと照らされると、黄金色に輝いて見えるでしょう」

水辺にざわめくヨシ原は、記紀の昔、「豊葦原瑞穂国《とよあしはらみずほのくに》」と呼ばれたころから続く日本の原風景。しかし「ヨシと付き合ってきたのは、日本人だけじゃありませんよ」と指摘する。

「古代エジプトの紙、パピルスには、ヨシペンで字が書かれていました。環境が悪化した現代、ヨシ保全に最初に動いたのはヨーロッパの国々。世界中で大事

にされている植物なんです」と雄弁に解説する。

近江八幡市円山《まるやま》町で約四百年続くヨシ卸業「西川嘉右衛門商店」の現当主。先代の父親は一五年前に死去。大学教授を昨春退官したのを機に、後を継いだ。

「若いころから東京に出ていたので、実家の仕事を手伝ったことはないんですが」と明かすが、晩年は伏せがちだった父を見舞うため、たびたび帰郷。自宅前に広がるヨシ原の四季を眺めているうちに、その魅力にとりつかれた。

にしかわ・よしひろ　近江八幡市円山町。1934年生まれ。東近江水環境自治協議会副会長も務める。金沢市の国立大学の教授を2000年３月に退官。ヨシについての文献や工芸品などを集めた資料館の開館を目指している。

文献や資料をあさり、ヨシ細工は国内外を問わず集めた。万葉集など古典に登場する「ヨシ」という言葉の回数を数え、いかにヨシが身近な植物であるか、調べ尽くした。今では〝ヨシ博士〟。シンポジウムなどに招かれ、発言する機会も多い。

しかし、深く知るほど、取り巻く環境の厳しさが分かってきた。かつては屋根やすだれなどの材料に重宝されたが、安い輸入物に押され、めっきり需要は減った。往年は町内の八十軒ほとんどがヨシ卸業に携わっていたが、今では数軒を残すだけ。若手の後継者もない。エコロジー商品のヨシ紙も、普通紙の数十倍の製造コストがかかる。イベントのヨシたいまつ用などにも卸しているが、「商売としては先細る一方」と嘆く。

開発でヨシ原も消えていく。一九五三年に琵琶湖畔に二六〇ヘクタールあったというが、半減し今は一三〇ヘクタールほど。一九九二年から一〇年計画で三〇ヘクタールの植栽を目指した県の事業もまだ一〇ヘクタールほどで、目標達成は不可能になった。

亡父は高度成長期、汚れていく琵琶湖の水を吸って黒ずむヨシに心を痛め、歌日記にこう残した。

ヨシ生える　湖《うみ》はおのづと清くなり　濾過《ろか》もはたせば　魚もすむらん

「生態系などという言葉もなかった時代、ヨシが果たす自然の役割を、父は暮らしを通して知っていました。しかし水質浄化機能があると言っても、琵琶湖をすべてきれいにできる訳がない。やはり県民一人一人が、汚れた水を流さない心掛けが必要なのです」

【宇城昇】

東洋紡績堅田工場　1959年

戦前の県は、国内のレーヨン（人造絹糸）の半分近くを製造していた。一年を通じて、琵琶湖の豊かな水を確保できたのが理由だった。

大正期には、旭絹織（現・旭化成）、東洋レーヨン（東レ）、昭和レーヨン（後に東洋紡に吸収合併）の三大工場が、現在の大津市内で操業を始めた。

写真は五九（昭和三四）年に東洋紡堅田工場を空撮した。湖岸の田園の中に広大な工場敷地を有していた。

戦後になって繊維産業は国内では衰退したが、東洋紡、東レはともに研究所機能を強化して大津市に残っている。

【宇城昇】

湖沼会議が、NGOや市民相互の交流やレベルアップにつながってほしい

国際湖沼環境委員会事務局長　小谷博哉さん

「湖沼会議が、NGOや市民相互の交流やレベルアップにつながってほしい」――。

小谷さんは一九九九年、財団法人国際湖沼環境委員会（ILEC）事務局長に就任。県職員時代には琵琶湖関連の施策に三四年間取り組んだ。八四年の第一回湖沼会議では実行委員会の一員として実務にあたっており、「一七年たって、里帰り会議にもかかわることになるとは思わなかった。第一回会議は一自治体が国際的な会合を行うという前例のないことで、当初は市民が関心を寄せてくれるか

心配だった」と振り返る。
当時は住民運動が盛り上がりを見せていた。「せっけん運動」で、琵琶湖のCOD（化学的酸素要求量）やBOD（生物化学的酸素要求量）、リンの値が下がる効果が出た。富栄養化防止条例も生まれた。「その成果を世界に発信したいというのが湖沼会議のスタート」と話し、「会議では住民側から〝反対のためでなく、提言するプラスの参加の仕方があることが分かった〟との発言もあった。住民と行政とのパートナーシップを常識化する契機になったのではないか」と意義を語る。

こたに・ひろや　大津市坂本在住。1939年生まれ。1965年に県庁に入庁。農林部水産課、県生活環境部環境室長などを経て琵琶湖環境部技監で退職。経験を生かし、ILEC専務理事・事務局長として湖沼会議開催に向けた準備に取り組んでいる。

そして第一回会議の二年後の八六年、ILECが誕生する。会議の基調講演で、当時の国連機関「UNEP（国連環境計画）」の事務局長が「こうした会議は終わった後、忘れられてしまう。住民も交えた継続的な取り組みを行うべきだ」と提案があり、設置されることになった。

しかし、手始めに世界の湖沼のデータを収集すると、五大湖など湖の近辺に研究所のある場所しかデータがなく、三四湖沼分しか集まらなかった。湖沼環境保全への関心もまだ低かった。「UNEPにある琵琶湖のデータすら、京都市が出した琵琶湖疏水のものしかなく、一から始めた」という。各国の協力のもと五〇〇湖沼分を集め、データブックとしてまとめた。データ収集の体制づくりも大事な仕事になった。

今回の湖沼会議について「前回と比べると、新たに生態系保全の考え方が出てきた点が大きく違う。大きなテーマとしては住民とのパートナーシップと生態系の問題の二つに絞られる」と語る。「県にはヨシ保全条例の取り組みもある。今回は、こうした経験を他国の人たちとの交流で情報交換できる。会議をやって終わりというのではなく、継続して、互いに湖沼環境保全の取り組みに役立てていきたい」

【田倉直彦】

唐崎の松　1961年

大津市唐崎の地名が、歴史上に現れるのは早い。歌人、柿本人麻呂が、壬申の乱（六七二年）で滅亡した「大津京」をしのんだ歌が、万葉集に収められている。

その名を有名にしたのは、「唐崎夜雨」として近江八景に選定されてから。湖畔にそそりたつ松林が浮世絵に描かれ、全国に知れ渡った。

写真は一九六一年の撮影。当時はまだ人家も少なく、松林が連なっていた様子が分かる。

現在の唐崎は、湖岸を貫く国道一六一号沿いに住宅街が広がる。湖岸にはマリーナや都市公園ができ、現代的な風景になった。琵琶湖に突き出た唐崎神社にある松の大木や石垣が、往年の面影をわずかに伝えるばかり。四十年のうちに失われた情緒を物語る。

【宇城昇】

ヨシの群生は鳥の楽園、写真展通じ啓発活動

日本写真家協会会員　前田伸一さん

琵琶湖をライフワークに四十余年。開発などで消えつつある美しい自然の素晴らしさを伝え、ファインダーをのぞく日々を送る。

草津市内の湖岸。シベリアから越冬のためコハクチョウが姿を見せ始めたのは一五年ほど前のこと。「ヘドロがたまりがちになり、水鳥たちのえさが減ってるんです。一〇年ほど前から仲間と餌付けを始めました」

「昔はヨシをかき分けて何分も歩かないと、湖岸に出られなかった。対岸が見えないくらいヨシが生い茂っていたのに。今はね、ほら、ご覧の通り。人工護岸

が増えて対岸の建物もよく見えるでしょ。クライアント（顧客）の希望通りの写真を撮れる場所も限られてきた。昔のような自然に囲まれた琵琶湖は、湖北にしか残っていない」と、寂しそうな表情を浮かべた。

京都市内の高校二年時に、父親のカメラを借りて祇園の路地を行く舞妓さんを撮影。学生写真コンクールで入選した。写真への興味が広がった。

二〇歳のころ、高価な二眼レフカメラを購入。自転車をこぎ、大津市の瀬田川や堅田の水郷、漁港をめぐった。

まえだ・しんいち　大津市上田上堂町。60歳。42年間に撮り続けた写真は30万枚以上。個展は31回開催。現在はフォトライブラリーを経営。

通信社記者として約一年半過ごし、光学製品メーカーで一〇年ほど勤めた後、一九七五年に会社を設立。プロ写真家としての活動を始めた。海外の月刊誌や国内の旅行誌、観光ポスターの撮影など大きな仕事も引き受けたが、一枚の写真に一つの心を注ぐ「一写一心」を信条に活動してきた。

九年前の五月。医者から持病の悪化で「死の宣告」を受けた。目の前が真っ暗になった。気付いたら車を走らせ、よく撮影に行った思い出の地、湖北町へ向かっていた。湖岸でぼんやりと夕日を見つめた。「神秘的な夕日だった。生きていく勇気と新しい命を授けられたようだった」。琵琶湖の存在が心の支えになった。

後世に何を残せるのか。四年前、「今までにない琵琶湖の写真集を」と一三八枚からなる写真集「琵琶湖光彩」を出版。朝日で真っ赤に染まった湖面、大空へ羽ばたこうとする鳥たち、周囲を水に囲まれ湖畔にそびえる大木……。ライフワークの集大成が、収められた。

水鳥の数が減っているのを心配する。保護を求め、市民グループの一員として活動したり、写真展を通じ啓発活動も行っている。

「ヨシの群生は水鳥にとっては楽園。魚たちの大切な生活の場でもある。湖畔の柳も同じ効果があるので植栽を検討してほしい。自然に対する関心を幼いころから深めるため、環境教育にも、もっと力を入れてほしい」と訴える。

「命のある限り琵琶湖を見つめていきたい。三六五日のうち三六〇日は琵琶湖に関心を持って行動してます」と、琵琶湖を愛する思いを込める。「今までに撮影した写真を後世にも残したい。財団など保存機関に管理を任せ、将来は写真美術館が出来るといいですね」と夢を語った。【井沢真】

環境問題は現状を知ることから始まる

琵琶湖水鳥・湿地センター湖北野鳥センター専門員
清水幸男さん

湖北町今西の琵琶湖岸にある環境庁の「琵琶湖水鳥・湿地センター」と町の「湖北野鳥センター」の専門員。「今の自然の実情がどうなっているか、余りにも知らなさ過ぎる」。野鳥の番人として、行政、住民双方に苦言を呈し、「現状を知らないことはある意味で罪。環境問題はまずそこからスタート」と言い切る。

「貴重な動植物が生息しているのに、行政も住民も知らないまま開発され、知らないまま消えてしまう自然がいっぱいある。みんなに、自然の面白さ、楽しさを分かってもらい、自然の大切さを知るきっかけづくりをしている」と施設の目的を説明する。

　センター前の琵琶湖は遠浅で、水鳥のエサになる水生植物や魚や貝類が豊富。ヨシ原もあり、水鳥の楽園だ。コハクチョウや警戒心が強いオオヒシクイなどが毎冬三〇〇～五〇〇羽、越冬する場所としても知られる。「琵琶湖の環境を考えるうえで、重要なのは湖岸。この環境が魚にとっても鳥にとっても大切な場所。センター沖の琵琶湖は、内湖のような環境にある」という。

しみず・ゆきお　50歳。湖北町上山田生まれ。70年３月、県立彦根工業高機械科卒。日本電気硝子高月工場に入社し、機械保全の会社員生活の後、97年５月から現職。環境省の自然公園指導員、県自然保護監視員。

　子供のころから大の動物好き。小学生のころ親類の人から伝書バトを一羽もらい育てた。懸命に育て、数羽に増えたハトが六年生の時、鳩舎《きゅうしゃ》をイタチに襲われて全滅。大きなショックを受け「生き物は飼うものではない。野に放つもの」と自然保護の原点に触れたという。

　その後、野鳥観察が高じ、湖北野鳥の会結成にかかわり長く同会事務局長。一九八八年オープンした野鳥センター建設の際には、水鳥のデータ集めなど、基礎調査づくりにボランティアとして参加、九七年、環境庁の「水鳥・湿地センター」オープンで、二七年間の会社員生活におさらばして鳥を相手の道へ。仕事は相も変わらず忙しいが、野鳥と苦楽を共にする今の生活に充実感を見いだす。

七一年に琵琶湖が鳥獣保護区になって以来、野鳥にとって琵琶湖は安住の地になったが、心配な面も。「オオヒシクイは、ハクチョウなどと違って順応性がなく、湖の環境を見るバロメーターになる鳥。昔は琵琶湖全体にいたのに今では、センター沖と浅井町の西池ぐらいにしか見られず、生息範囲は極端に少なくなっている」

琵琶湖に飛来したコハクチョウ。真冬になるとみな水田にいる。山の保水能力も落ちている。「ほな、何でや」と、琵琶湖保全について周辺の環境も含めた検討の必要性を強調する。

ラムサール条約では「湿地保全」と言っているが、琵琶湖が湿地とは「ピンとこない」。「水辺の環境」と解釈している。「人間が一切手を加えないで保護するだけというのは琵琶湖では無理」と視野の狭い自然保護にはクギをさす。

「鳥がたくさんいる場所は、人にとっても環境の良い場所。そういう所を鳥のためにも増やしてみては。野生と人との共生のため、そういう場所をそろそろ考えてみてもいいのでは」と琵琶湖の住みわけ、使いわけを提言する。

「鳥の立場にたって物を考える人が一人ぐらいいないと」。スタンスは「野鳥の代弁者」だ。

【野々口義信】

生活する人たちの努力できれいな水と生命の源に

琵琶湖汽船「ミシガン」船長　深田　栄さん

厳冬の琵琶湖はひときわ美しい、という。

「空気が透きとおり、雪を抱いた比叡山や比良山系が立体的にくっきりと浮かび上がってくるんです」

琵琶湖汽船（本社・大津市）の船長となって二十余年。同社に五人いる船長の一人として、「ミシガン」「ビアンカ」などの船を運航する。「湖上から、毎日、陸を見ていても、一日ごとに表情が違うんです」

船にあこがれる子どもだったという。東京で生まれ、大阪市東淀川区、神崎川のほとりで育った。テレビで見た帆船「日本丸」に魅せられ、神戸港を出入りする客船の威容に感激。船の仕事をしたい、と親を説得、単身、岡山県内の商船高校に進学した。

琵琶湖で新しい外輪船「ミシガン」の運航計画があると知ったのは、卒業を控え就職活動をしている時だった。「真新しい船を自分の手で動かしてみたい」。外洋へのあこがれもあったが、真新しい船に乗客を乗せる仕事により魅力を感じ、入社した。

以来、仕事は琵琶湖と二人三脚。「全国から訪れる観光客に、琵琶湖の美しさ、素晴らしさを伝えることだと思っています」

「ミシガン」の遊覧コースは、発着と寄港地、帰着の時間以外は決まっていない。その日の天候や季節に合わせ、琵琶湖の美しさを最も楽しめるコースを選ぶ

ふかだ・さかえ　大津市大石淀町。1962年生まれ。1980年入社、半年後から船長に。「ミシガン」は1日4便運航（冬季2便）。問い合わせは琵琶湖汽船（077-522-4115）。

のは、深田さんら船長のかじ一つに任されている。

「まず安全を確保したうえで、可能な限り岸に近づき、陸上の景色を楽しんでもらっています」。夏と冬では湖面の岸辺が一〇〇メートル近く違う場所もあり、気を使う。風の強い時は、波に対しなるべく直角に船を運び、揺れないよう気を配るとも。

観光客も二十年の間に変わってきた。「以前は、おじいちゃんからお孫さんまで一家総出でお見えになる方が多かった。今はカップルやご夫婦、親子など、小グループが増えました」

琵琶湖総合開発後、陸地の表情も様変わりした。一方、かつては赤潮のために異臭が漂い、水面いっぱいに魚の死がいが浮かぶ光景を目にすることもあった。「生活する人たちの努力で琵琶湖が守られていることを実感します」

変わらないのは、ガラス張りの窓から夢中になって操舵室《そうだ》をのぞき込む子どもたち。「できるだけ操舵室へ招き、帽子を貸して、一緒に写真を撮ります」。目を輝かせてお礼を言われる。船にあこがれた子ども時代の気持ちを忘れていない、深田さんらしい思いやりだ。

深田船長が艦内あいさつをするとき、きまって口にするメッセージがあるという。

「今、私たちの船は、飲み水の上に浮かんでいます。水道の蛇口をひねるたび、その水がここ琵琶湖から来ていることを思い出してください。琵琶湖は、景色が美しいだけでなく、きれいな水と生命の源でもあるのです」

【藤田裕子】

湖への思い賛歌に、創作劇を上演

テアトル・ネットワーク「湖人の会」事務局長
谷田昌蔵さん

湖底の宝探しに夢中になった村人が、欲に駆られるあまり湖水を全部流してしまった。干上がった湖底に出来た穴に入った「こたろう」が見たものは――。琵琶湖の大切さを見る人の五感に訴え、舞台から湖沼会議を応援しようと、九月に創作劇「近江のこたろう」を上演するテアトル・ネットワーク「湖人《うみんど》の会」の事務局長を務める。

会は一九九九年秋、大津市を中心にプロ・アマを問わず、演劇、音楽などの芸術活動にかかわる人々をつなぐグループとして結成された。県の「湖国21世紀記念事業」に参加する県民活動として、十一月の湖沼会議に先駆けて、九月に「水と緑の演劇フェスティバル」をびわ湖ホールで開く。その後は、県内各地でのフェスティバル開催を目指す。

「近江のこたろう」は民話をヒントにした創作劇。ある日、村人が湖の底から高価なつぼを釣り揚げたことから、物語は始まる。欲に駆られた人間たちは、もっと宝を得ようと、琵琶湖の水を抜いてしまう。失って初めて、水の大切さに気付くが、なすすべもない。そこで、勇気ある少年こたろうが、干上がった湖底の穴から地球の裏側まで行き、豊かな湖にはぐくまれる人々の暮らしに出合いながら、もう一度、琵琶湖に水を取り戻すというストーリー。

時代設定はないが、随所に、琵琶湖と人とのかかわりが描かれる。洗濯をしたり、ひしゃくで水をすくって飲んだり、

たにだ・しょうぞう　大津市横木1、1950年生まれ。立命館大を中退し、前進座で演劇を学ぶ。劇団「自立の会」結成に加わり、現在同劇団代表。電器店を営むかたわら、役者、舞台プロデューサーとして活躍。

子どもたちが水辺で遊んだり――。いずれも、五十年前には当たり前だった光景だ。

しかし、そんな琵琶湖とは縁遠かった、という。

京都市境に近い大津市横木で生まれ育った。高校、大学と京都で学んだこともあって、琵琶湖は、逢坂山に隔てられた遠い存在だったという。急速に思いが深まったのは、会を結成してから。せっけん運動をはじめ、環境にかかわってきた人々に触発されて、「心が初めて逢坂山を越えた」。

演劇とのかかわりは長く、高校の部活動から。大学在学中に市民劇団に入った後、東京へ行き、前進座で学んだ。一九七四年に京都、大津両市の仲間と〝自立演劇運動〟の流れをくむ劇団「自立の会」を結成。この運動は戦前のプロレタリア演劇に源流を持ち、演劇を職業とはせず、別の仕事で経済的に自立しながら、専門的な演劇を目指す。自立が生み出す〝生活実感〟によって、より豊かな舞台表現を目指すというものだ。

「近江のこたろう」は、会のメンバーにしても、公募のオーディションで選ばれる出演者にしても、すべて琵琶湖にかかわる生活実感を持った人々によって作り上げられる。「琵琶湖賛歌をうたいあげ、見る人の五感に、琵琶湖への思いを届かせたい」と張り切っている。

【藤倉聡子】

訪れる人らも巻き込み昔の景観取り戻したい

彦根で湖岸掃除を続ける

脇坂富蔵さん

「わしが若いころは白砂青松の素晴らしい景観が続く浜辺やった。泳ぐ魚、湖底のエビやシジミもよう見えた。のどかな湖岸の風景が今も脳裏に焼きついている」。彦根市・松原湖岸の砂浜に立ち、半世紀以上も昔の風景を思い起こしてこう話す。片手にごみ袋、もう一方の手にはごみハサミを持ち、慣れた動きで湖岸の掃除をしていく。

湖の風情を少しでも取り戻そう、と活動を始めたのは五十年余の会社勤めを辞めた十年前の早春。何気なく湖岸へ散歩に出かけたが、「美しい」というイメージはなく、流木やビニール袋などが散乱していた。たまらず拾い集めたが、それがきっかけになり、時々、湖岸の掃除をするようになったという。

その後、顔見知りで十数年来、湖岸掃除を続けていた同市松原二の元自治会長、中谷善太郎さんに「後は頼む」と頼まれ、掃除がほぼ毎日の日課になった。

夏場は午前六時にはごみ袋や熊手などの七つ道具を持って湖岸へ。〃担当〃するのは砂浜の南側部分の延長約三五〇メートル、幅三〇～四〇メートル。流れ着くビニール袋や空き缶・瓶、木切れ、心ない人たちが捨てていくごみなどを集める。ごみが多いときは夕方まで湖岸に居る。「木切れなどは焼却するが、ビニール袋などはダイオキシン汚染が心配なので市の回収に出す」と言う。

「このあたりは、どこまでも美しい景観が続くことから〃千々の松原〃と言われた。若いころは野菜を洗ったり、風呂

わきざか・とみぞう　1922年生まれ。彦根市松原1。千松尋常高等小学校を卒業後、15歳で紡績会社に就職。織り機の修理一筋で通し、イギリスの紡績工場で機械の使い方や修理の指導をしたこともある。

水にもした。夏は泳ぎ、春や秋には散策する人も多かったが、ごみを出したり、砂浜を荒らすような不届き者は少なかった。みんなで景観を守ろうという思いがあったんやなあ」と、当時を懐かしむ。

ところが、遠浅で景観の素晴らしさが知られるにつれ、京阪神や中京方面からの〝遠来組〟が増え、様相も変わったという。「埋め立てなどで浜の地形が変わり、自然が破壊された」とも。

砂浜に弁当箱などを山積みにしたり、たき火をしてバーベキューを楽しむ、酒盛りはする、とまさにやりたい放題。そうなると自然が壊れるのは早い。数年で見る影もなくなった。「近年、すぐ近くが水上バイクやモーターボートの発着地になり、周辺の自然は壊され、散乱するごみの量は増える一方」と、顔を曇らせる。

「一～二日掃除をしないとごみは極端に多くなり、なかなか休めないのが実情。年齢とともに体調の悪い日もあるが、無理をして何とか掃除を続けている。もう昔の姿を取り戻すのは無理だが、何とかこれ以上景観が悪くならないように食い止めたい一心です」

子供会、婦人会、青年団や老人会も定期的に掃除するが、「地域だけでなく、訪れる人たちも巻き込んだ運動にしたい。ごみを捨てなくなり、流れ着くごみは気付いた人が処理するまでになるのが理想」と語る。

【松井圀夫】

魚が産卵できる内湖が琵琶湖の水環境を良くする

守山漁協組合長
北村　勇さん

「本当の木浜《このはま》内湖は埋め立てられて今は存在しない。今の内湖は沿岸の埋め立てによって人工的に造られたもの。でも魚が産卵できるような浄化された内湖が、琵琶湖の水環境には必要」と丁寧に説明する。

守山市木浜町で生まれ育った。父親も漁師だった。少年時代、「木浜内湖」は地元の子供たちにとって格好の遊び場。追いさでや刺し網などの漁法を子供たちは内湖での遊びのうちから覚えていったという。サラリーマンとして働いた経験もあるが、漁師として三十年以上を過ごしてきた。

「内湖は本来、山から流れ込む水を浄化して、きれいな水を琵琶湖に入れる役割を果たしてきた。しかし今は役割が逆。木浜内湖の汚れた水を琵琶湖の水できれいにしている」と嘆く。

かつての木浜内湖は四つの小さい湖から成り立っていた。ボテジャコやフナなど琵琶湖の固有種も豊富で、水路としても使われており、生活に欠かせない存在だった。しかし一九六〇年代、すべての内湖は埋め立てられ、住宅地に変ぼうした。

きたむら・いさむ　59歳。守山市木浜町在住。木浜地区保全整備地域協議会副会長。木浜内湖の水質を改善し、魚が産卵できる水環境を目指して提言を続けている。

さらに一九七二年から京阪神地域の利水を目的に開始された琵琶湖総合開発（琵琶総）によって、木浜町の琵琶湖岸は埋め立てられ、コンクリートで固められた現在の木浜内湖が人工的に造られた。現在の内湖に水流はほとんどないため、底にはヘドロが積み重ねられ、お世辞にもきれいな水には見えない。

琵琶湖の漁業は危機的な状況にある、という。七二年に約八〇七五トンだった漁獲量は九九年に約二〇九九トン、約三十年間で四分の一に落ち込んだ。適度な水の流れと植物の繁殖があった内湖は、ヨシ原と並んで魚にとって最大の産卵場所だった。この絶好の産卵場所が失われたことも漁獲量激減の原因と指摘する。

二〇〇〇年六月に結成された木浜地区保全整備地域協議会の副会長として、内湖を今後どうすべきなのか、県や守山市など行政や、漁師以外の地域住民とも話し合いを重ね、内湖の利用の方向性を論議してきた。「観光公園や、ボートの係留地などさまざまな意見が出てきた。私はこの内湖をしゅんせつしてヘドロを取り除き、琵琶湖との水門をもっと開いて水流を作ることで、魚が産卵できるビオトープにすべき」と提言する。

内湖が深刻な状況にある現状認識を深めようと「木浜内湖シンポジウム」が二〇〇〇年六月開かれるなど、内湖再生に向けたムードは高まりつつある。

「まだまだスタートしたばかり。私は漁師としてこの琵琶湖で漁業を続けて、これからの世代に引き継ぎたい。魚が産卵できる内湖に変えることは琵琶湖の水環境を良くすることにつながる。今後も漁業者の立場から意見を発信していきたい」。

【日野行介】

近江舞子　1962年

比良山のふもと、琵琶湖岸に弓なりにせり出した砂州が近江舞子。老松と白砂の織り成す景観が美しい。一九二七（昭和二）年に江若鉄道が開通すると水泳場が開かれ、夏の行楽地としてにぎわうようになった。

写真は六二年八月の撮影。浜辺近くまでマイカーであふれ返る活況を伝えている。

江若鉄道は六九年に廃止されたが、五年後に国鉄（現ＪＲ）湖西線が開通。湖西道路も志賀町内まで整備されたことで、京阪神からの客が多く訪れるようになった。宿泊施設も多く建設され、琵琶湖を代表するリゾート地となっている。

【宇城昇】

ヨシと粘土は地球家族、価値観を訴え続けたい

「かわらミュージアム」館長　菊井　了さん

「一九九九年の春、瓦で音が出るものをと、木琴のような琴を作った。瓦奏琴《がそうきん》と呼んでいます。これとペアになる楽器をと作ったのがヨシ笛。これが結構受けましてね。演奏会には引っ張りだこ。近江八幡市内の小学校では子どもたちも作っているんですよ」とうれしそう。

ともに菊井さんの考案。特にヨシ笛は、フルートの音を柔らかくしたような音色で、演奏を聴いていると、自然に心がなごむ。自ら作曲も手掛ける。「西の湖の夕映え」「はばたき」「モロコの群れ」「そよかぜ」など、琵琶湖にちなんだ曲

をこれまで十数曲も作った。演奏会などで披露。

瓦奏琴は、自らが館長を務める「かわらミュージアム」の瓦を使った楽器。これに対して、ヨシで笛を作ろうとしたのは、小さな時から慣れ親しんできた身近な材料。その上、地面に生えている草花が昔から草笛など音を出すものとして利用されていることにヒントを得た。

何の楽器も見習わず、先入観なしで取り組んだヨシ笛作り。音を出すまでは苦労した。試行錯誤の中で、長さが一八センチから三一センチまでの間でないと楽器として使えないことが分った。穴を開け、指で押さえて音階を表わすため、短すぎてもだめ。長すぎると音がいびつになる。体験で習得。サクソホンは十五年以上のキャリアを持つ。大の音楽好きが幸いした。

きくい・りょう　近江八幡市杉森町。54歳。龍谷大文学部を卒業し、近江八幡市役所職員に。民生、教育委員会、総務課などを経て1995年、かわらミュージアム館長に就任。企画、運営、管理を担当。

小学生が使うリコーダーのようなもの

で演奏は簡単。仲間を募ったら一七人が集まり、アンサンブルを結成。二〇〇〇年三月の「琵琶湖開き」に、ミシガンの船の中で演奏したのが皮切り。秋には同ミュージアムで「ヨシ笛コンサート」も開催。大津市、米原町など各地の演奏会にも声がかかり、今や引っ張りだこ。琵琶湖のヨシから作られた縦笛の素朴な音色が、いやしのコンサートとなり、人の心を引きつけて離さない。

ヨシと瓦は近江八幡の地場産業。「特にヨシは、琵琶湖の水質浄化にも役立ち、最近の水環境の悪化を考えると、もっと多くの人に価値を知ってもらわなくては」と、最近では、小学校の副教材用に「ヨシ笛の作り方」を発刊。自ら講師となって奔走もしている。

「昔から琵琶湖の周辺にはヨシが自生。腐って土となり、粘土となった。その粘土は瓦の材料。上に生えるヨシは、屋根の材料にもなってきた。琵琶湖の水質浄化にも重要な役目を果たしてきた。今も琵琶湖周辺にはあちこちでヨシの原が残る。大事にしなければならん。ヨシと粘土は地球家族だ。ヨシ笛作りで児童に、演奏会で大人たちに訴え続けてゆきたい」と張り切っている。

【斎藤和夫】

柳が崎　1963年

大津市街地の北西に突き出た柳が崎。一九二五（大正一四）年に市営水泳場が開かれ、三四（昭和九）年には国際色豊かな県下最初の洋風ホテル「琵琶湖ホテル」が営業を始めた。

写真は六三（昭和三八）年七月、大勢の水泳客でにぎわう様子を撮影した。浜辺には出店が軒を連ねる。中央上部には、当時の琵琶湖ホテル本館が見える。

南湖の水質悪化で、今では水泳客より、水上バイクなど湖上レジャーの客でにぎわう。浜大津に移転した琵琶湖ホテルの旧館は、集客施設として活用が決まり改装工事に入っている。

往年の「リゾート地」の姿も、すっかり様変わりした。

【宇城昇】

若者や他府県からの人に情報発信したい

歌手 川本勇さん

近畿の水がめと言われる琵琶湖は当たり前にあるものなのだろうか。「今の若者たちに琵琶湖のことを意識して考えてほしかった。そのためにこのプロジェクトを立ち上げた」

二〇〇〇年十二月、歌を通じて琵琶湖の魅力を伝えようと、「びわ湖ソング・プロジェクト（ＢＳＰ）」を発足させた。琵琶湖をイメージした歌詞を県内外の約三百人から募集。送られてきた歌詞で「宇宙船ＢＩＷＡＫＯ号」と「Ｗｅ Ｌｏｖｅ ＢＩＷＡＫＯ」の二曲を作曲。自分が中心になって活動しているＵ―Ｔ

ＩＭＥＢＡＮＤのオリジナル曲「マザー・レイク」を含めた三曲を、県内の若手ミュージシャンや、子どもたちなどが集まったバンド「ゆう＆れいかーず」でレコーディングしてＣＤに。

膳所高卒業後、大阪市立大を経て、在阪局を中心にテレビディレクターとして活躍。しばらく大阪に住んでいたが、一九九〇年にびわ湖放送のテレビ番組の司会を始めたのを機に滋賀にＵターン。「友人や知り合いが県内に残っていたことも大きな理由だが、何より琵琶湖を中心とした滋賀県の環境が好きだった」。大阪や東京でのビジネスチャンスより、地元でじっくり腰を据えて活動していくことを決意した。

以来、県内を中心に司会や音楽活動などで活躍してきた。「四〇歳になって、僕に出来ることで社会に貢献してみたくなった。それなら今までずっとやって来

かわもと・ゆう　42歳。大津市松原町。代表曲は「Ｒ１６１」「湖のほとり」など多数。「びわ湖ソング・プロジェクト」のホームページは http://www.biwa.ne.jp/~bsp/

た歌を利用するのが一番だと思いました」。環境について堅苦しく考えるのではなく、歌という、若者にも受け入れられやすい方法で気楽に考えてもらえれば、と考えた。

「歌詞を考える過程で、まず琵琶湖を好きになってもらいたかった。普段当たり前にあると思って気にとめていない琵琶湖のことを、一度意識を持って考えてほしかったんです。英語で言えば『SEE』ではなく『WATCH』。今回で終わりではなく、これからも自分の目でじっくり琵琶湖を眺めてほしい」

CDは二〇日から近畿を中心に発売開始(税込み一二〇〇円)。CDの売り上げを基に、BSPの第二弾も予定している。方法は現在考案中だが、歌ではないものになりそう。「これからもさまざまな手段で、若者や他府県から引っ越してきた人たちなど、比較的環境に関心の薄い人たちに琵琶湖の情報を発信していきたい」

【小川信】

琵琶湖大橋　1964年

高度成長期、琵琶湖の南湖と北湖を堤防で分割して、南湖を下流の水需要に応えるダム湖として活用する国の計画があった。水質への影響が確実なことなど、地元として到底のめる案ではなく、当然のように計画は立ち消え。その計画で、堤防を築く予定地だったのが、大津市堅田—守山市水保を結ぶ現在の琵琶湖大橋（一三五〇メートル）のライン。

琵琶湖の両岸を結ぶ初めての横断橋は県事業として一九六二年十一月に着工。六四年九月、沿岸住民が待ち望んだ「夢の架橋」は開通した。写真は完成間近の同年夏に撮影したもの。琵琶湖観光の大動脈となり、沿岸の宅地開発が進み、渋滞が慢性化したことから、九四年には四車線化された。

南湖ダム化計画でも、堤防の上に道路が出来る予定だったというが、両岸を結ぶ構想はかなっても、眼下の琵琶湖は美しい湖面のままだっただろうか。

【宇城昇】

豊かな山からの美しい水、「森林税」で後進育てたい

「永遠の森」を育てる
藤本孝さん

安曇川支流の北川に沿う狭い県道を朽木村の奥地に向かって車で走っていると、「永遠《とわ》の森」と刻んだ御影石の碑に出合う。裏には「樹は風雪に耐え永遠に育つ」の文字。背後には見事な杉の美林。「人が一度手をかけた森は、最後まで人間がかかわらないと荒れてしまう。自然林といえども同じです」と碑を建てた藤本さん。

「永遠の森」には今、樹高約二五メートルの天然芦生杉約八百本がそびえる。きれいに枝打ちされた杉は二メートル余の間隔で一直線に並ぶ。一九六六年、

〇・八ヘクタールに植えた約一五〇〇〇本が、一〇年ごとの間伐で今は約八〇〇〇本。碑は九一年に建てた。

「最終的に六〇本にするつもり」と藤本さん。「それはいつごろ」と問うと、あっさり「二百年後ですわ」。朽ちない石碑に「永遠の森」と刻んだのは、二百年後を思ってのことだと知った。森への思いは、長男長茂さんが受け継いでくれそうだという。

ふじもと・たかし　自宅は朽木村能家と安曇川町五番領。1931年生まれ。農林業一筋に歩み、炭焼きが廃業に追い込まれてからは出稼ぎも体験。2000年春から「朽木いきものふれあいの里」指導員として、炭焼き体験の指導や森の管理などに当たる。

藤本さんの持ち山は合わせると約百ヘクタール。雑木林もあり、そこでコナラが優勢ならコナラ林に、トチノキが優勢ならトチノキ林にと、適した樹種の広葉樹林に整備していく計画。

豪雪地の朽木村能家《のうげ》地区に生まれ育ち、炭焼きをしながら家族と森を守ってきた。一九七六年、妻積子さんが重病に陥ったが、当時は道路の除雪もされておらず病院へ運ぶのが遅れ、危うく命を落としかけた。この苦い体験をきっかけに、安曇川町にも家を建て生活の拠点とした。しかし、山の暮らしが好きな父謹三さんと母さくさんは九〇歳を過ぎても毎年雪解けと共に能家に戻り、今も山仕事を楽しむ。

自宅裏山の中腹からは水がにじみ出て、小さな沢を流れる。ろ過しなくても飲め、パイプで引いて生活用水にしている。沢には青々としたワサビの列。「福井県上中町で山仕事をした時、水を探したが、なかなか見つからなかった。それに比べ朽木の山は水が豊富。土質の違いかもしれない」と藤本さん。

一六五平方キロある朽木村の九二%は森林。かつては一五キロ入り炭俵で一七万俵を出荷する木炭の産地だったが、プロパンガスの普及と共に消滅。その後、植えられる所にはすべて杉、ヒノキを植えたが、木が大きくなるころ木材価格は下落。高齢化と過疎化に拍車がかかり、荒れた森が目立つようになった。

朽木村は二〇〇一年三月「森林文化の里」を宣言、広葉樹林をよみがえらせる動きも目立ってきた。「自然林とは、ほったらかしの林のことではない。常に更新し、間引くことで自然が守られる。それには若者の力が必要。彼らが山で生活できる所得を保障するために、例えば森林税を設けたらどうか。狭い国土に一億二〇〇〇万の民が暮らせるのは、豊かな山と水があるから。そのために国民全体が負担する制度があっていい。森を守らなければ琵琶湖の水だって守れない」。ふるさとと琵琶湖、そして国の将来を語る時、森への思いはいっそう熱くなる。

【森岡忠光】

研究課題は山ほど、奥が深い湖の魅力

琵琶湖博物館学芸員　芦谷美奈子さん

全国の博物館学芸員らで組織する「ミュージアム・マネージメント学会」（会員数五五九、事務局・東京）が、優れた功績のあった会員に贈る二〇〇〇年の「学会賞」に選ばれた。

高く評価されたのは二つの企画。一九九九年十一月から三カ月、県立琵琶湖博物館の常設展示室を使って試みた「漁師修行の旅」。子どもたちが、魚についての解説や漁法体験などのコーナーをスタンプラリー形式で回りながら、ゲーム感覚で漁師の暮らしを学ぶ。特別な展示でなく、「博物館全体を楽しむ」という趣旨がざん新と評価された。

もう一つは、「博物館を評価する視点」をテーマに昨年二月に開いたワークショップとシンポジウム。「効果的な展示になっているか」「展示物のメッセージが伝わっているか」――。国内の関係者では希薄だった「展示評価」という概念を紹介した。

「思いもかけない受賞ですが、評価されたことは素直に喜びたい」と語る。

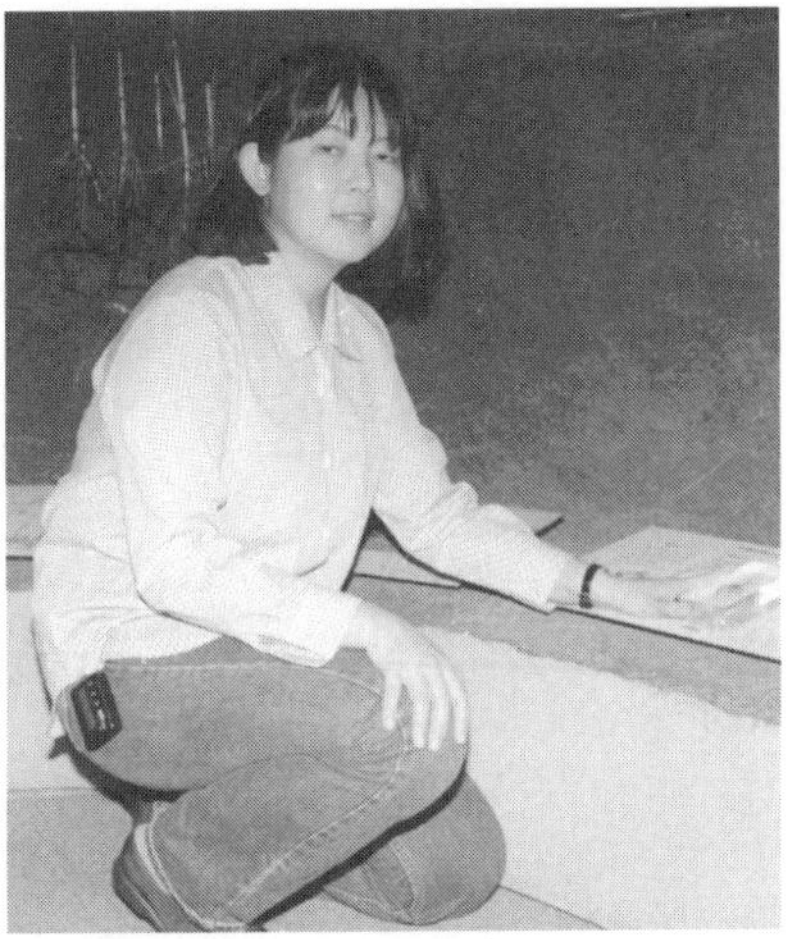

あしや・みなこ　県立琵琶湖博物館学芸員。1965年生まれ。事業部情報センターと研究部湖沼研究系に籍を置く。草津市平井。兵庫県姫路市出身。

企画の根底にあるのは、小学校六年生から三年間住んだアメリカ・ロサンゼルスでの体験。当地では、博物館は家族や友人と気軽に行く場所。ちょっと敷居の高い日本の博物館を「もっと身近に楽しめる所にしたい」という思いがある。

帰国後、千葉大に進み生物学を専攻。千葉県の印旛沼をフィールドに研究した。一九九一年、琵琶湖博物館の開設準備室が出来たとき、恩師の紹介で移って来た。

同博物館の学芸員は、研究部と事業部を兼任。水草が専門の研究者として、琵琶湖はあこがれの地。「研究課題が山ほどあって、とても一生のうちに一人では終わらない。いろんな人とつながりながら、こなして行きたい」学芸員としては、特に未来を担う子どもたちに、奥深い琵琶湖の魅力を喚起する役目がある。

巨大なザリガニの展示が目を引く「ディスカバリールーム」の担当を長く務めた。就学前の子どもたちに人気があり、リピーターも多い部屋だ。

「ちょっとした企画の工夫で、子どもたちが関心を高めてくれるのが分かってきました。博物館は単なる遊び場ではなく、日常的に利用することで、いろんなセンスを磨いてもらいたいんです。博物館の展示で琵琶湖に慣れ親しんだ子どもが、大きくなって外の世界でどんなかかわりを持つか、楽しみ」と言う。

二〇〇一年四月からは、新しく図書室の担当に。博物館という〝業界〟では、所蔵資料の利用者向けサービスは、まだ遅れているという。テーマは「図書室改革」。いっそう便利な琵琶湖博物館に期待できそうだ。

【宇城昇】

えり立て　1965年

振り返ると、二〇世紀は人間が琵琶湖を使いやすいよう改造した時代だった。広大な干拓地、巨大な人工島、幾何学的な河岸、湖辺を縫って走る道路――。撮影当時の記事には、自然破壊を懸念しつつも、暮らしの便利さを追及した時代を反映し、前向きな評価が目立つ。

しかし琵琶湖と人間の関係が全く変わったわけではない。写真は、守山市木浜沖で一九六五（昭和四〇）年春に撮影された「えり立て」。今も続く光景だ。

環境の二十一世紀。「琵琶湖との共生」が唱えられるが、それは新しく創造されるものではない。昔から続いてきた湖と人の「きずな」を取り戻すことと思う。

【宇城昇】

かつての自然水田、自らの手で復興を

農薬や化学肥料を使わない「不耕起栽培」に取り組む

伊佐恒範さん

県内の農作物で最大の収穫量を占める米。毎年、各地で田植えの光景が見られる。しかし今、農薬や化学肥料を使うことなく米を作っている生産者は少ない。二〇〇一年春、それらを使わない「不耕起栽培」に取り組む人の集まり「びわこふるさとオーナー会」(一〇人)を立ち上げ、事務局長としてまとめ役をこなす。「琵琶湖の水質汚濁は流入する農業用水と無関係ではないだろう。私たちの活動が広がれば、多くの人がこのことに思いをはせてくれるようになる」と張り切る。

米作りは普通、稲刈りから田植えまでに、化学肥料などの元肥をまいてトラクターで耕し、さらに水を張って田んぼの土とまぜる代かきをする。この方法だと、土中の雑草の種が田んぼの表面に出てくるため、除草剤をまかなくてはならない。

　不耕起栽培ではこうした作業をしないため、化学肥料や農薬を使わない。やがて、水面を覆うようにサヤミドロという藻の一種が発生。食物連鎖の基となるプランクトンが増殖し、トンボやドジョウ、タニシなどが水田に生息するようになる。収穫まで、土壌によっては米ぬかや魚粉だけをまくようにし、「良い水田ほどたくさんの動物を見ることができます」。

　二二歳で京都市内の歯科材料メーカーに就職。忙しい毎日を過ごしていた働き盛りの八年前、経営コンサルタントの船井幸雄さんの著書『未来へのヒント』を読んだ。「これまで何も疑うことなく働

いさ・つねのり　51歳、大津市真野1。志賀町小野の農家に生まれた。「びわこふるさとオーナー会」（077-574-4267＝ファクス兼用）は参加者を募集中。

いてきたが、このままの営みだけが続けば地球の環境破壊はますます進むと書かれていてショックを受けた」。自分なりに何かをしたいと九九年、環境や食の問題などに取り組むネットワーク「未来シンフォニー」を設立。不耕起の野菜や米を独力で作ったり、生ごみをたい肥にするなどの活動をしてきた。

「多くの農家に農薬や化学肥料を使わない米作りの大切さをアピールできれば」。参加者には一口二・五アールの田んぼで一年間、登録料二〇〇〇円、会費四千円で〝オーナー〟になってもらう。田植えやメダカの放流、稲刈り、収穫祭などの参加型イベントもあり、秋にはオーナーたちに玄米を一〇キロ四五〇〇円という低めの価格で販売する。

「ガンの飛来地として知られる大津市仰木《おおぎ》町の棚田が舞台。心落ち着くいやしの場、減りつつある田園風景を私たちの手でよみがえらせたい」

【河出伸】

えり漁 1965年

琵琶湖の伝統的な漁法である「えり漁」。湖岸から沖合に伸びる定置網の風景は、湖国の風物詩だ。

写真は、古くからえり漁の本場として知られる守山市木浜町沖で、一九六五年春に撮影された。漁に励む漁業者の姿は、今も昔も変わらない。

変わったのは、えりを取り巻く環境。湖上レジャーが盛んになるにつれて、プレジャーボートがえりと衝突する事故が多発、死者も出る事態に。夜間はえりに照明を点灯させるなど、漁協側の対策も取られてはいるが、毎年のように悲劇が続く。

県警は八月八日のびわ湖花火大会（大津市）の夜に限定して、航行を規制する。節度ある湖上レジャーの楽しみ方が問われるようになった。

【宇城昇】

湖の生態環境学び、自然保護に貢献を

「びわ湖NPOネット」運営にかかわる

折目真理子さん

「琵琶湖は一番身近な生態環境。固有種や見たこともない生物がいたりと、思ったよりも多様な世界がある。もっといろいろ知りたい」

その気持ちから、市民団体「湖沼会議市民ネット」が開設したホームページ「びわ湖NPOネット」(http://www4.eco-mus-unet.ocn.ne.jp/biwako2/)の企画、管理に携わっている。

HPは県内NPO(非営利団体)のイベント・活動情報を紹介。登録団体にIDを発行したり、問い合わせのメールに回答する作業をほぼ毎日、自宅のパソコンで行っている。「仕事から家に帰って約一～二時間の作業で大変だけれど、いろんな環境団体と接するので勉強になるし、刺激になっている」

子どものころ、生物の図鑑やテレビ番組が好きで、獣医になることが夢だった。守山高校に入って生物学に興味を持ち、島根大生物資源科学部に進学。週末は山や海へ行って植物を見たり、サザエやウニを採って食べたり。夏は鳥取・大山を管理する事務所に二週間泊まり込み、キャンパーに花や鳥のスライドを見せたり、花の開花情報などを提供、フィールドワークが生活の一部になっていた。「心が素直になれる。遊びながら自然と親しめた」という。

二〇〇〇年春大学を卒業、島根で就職したが、十月にUターン。生物関係の職を探していたところ、五カ月の期間限定で「湖沼会議市民ネット」が事務局員を募集していたのに応募した。

おりめ・まりこ　守山市水保町。25歳。京都府出身。湖沼会議市民ネットのホームページは http://www.ses.usp.ac.jp/2001biwa/

自然環境を修復するための調査や工事などを行う会社に勤務。河川や湖の底に住む生物の調査などを行っており「直接自然に接する仕事は楽しい」。「市民ネット」はボランティアで続けている。

今は「どうしたら自然を守れるか分からない」。だが悲観している訳ではない。「汚れた環境を取り戻すのに、汚れを取り除くだけではその場しのぎの対処でしかない。学生時代の『体験』と『知識』、ＮＰＯ活動で学んだ環境政策面における『理論』をつなぎ合わせて、将来は今までにない新たな方法で貢献したい」

【奥山智己】

大中の湖　1960年代半ば

琵琶湖の周囲に点在する内湖が、戦中戦後の食糧増産計画で農地に干拓された歴史は知られている。消えた最大の内湖が、安土山（安土町）北に広がっていた「大中の湖」。面積約一五平方キロで、現在最も大きい内湖「西の湖」の約四倍。

干拓事業は一九四六（昭和二一）年に着手された。漁業補償の解決や台風による中断など紆余《うよ》曲折あって、完成は二〇年以上たった六八年。写真は六〇年代半ば、陸地化されつつある湖面を航空撮影した。写真左中央部には、後に干拓される津田内湖も見える。

営農開始は六六年。減反政策を機に米作から畜産業への転換を図り、現在は施設野菜にも手を広げている。安土山寄りの一角には県立の農業試験場や農業大学校も建ち、県の一大農業拠点になっている。

【宇城昇】

一〇〇年先の成果を夢見て私たちに出来ることを

湖北の山にブナを植える会事務局長　堀江　諭さん

「ブナ林は、保水力が高く、ブナの腐葉土を通過する際に浄化され、琵琶湖の水源確保、水質維持にも大きな役割を果たしている」。水質悪化に心を痛めていた伊香高出身で大津市在住の主婦が同窓生に呼び掛け、九七年夏に湖北の山にブナを植える会（広幡通雄会長）が発足、地元の農業高校を退職したばかりの堀江さんに事務局長の役目が回ってきた。

会員は県内を中心に約七〇人。六〇歳以上の退職者が多く、活動には参加する機会が少ないものの資金援助の会費を収める県外会員もみられる。

ブナ林は緑が美しく、葉を通して太陽光が地面まで届き、下草や植物も豊富。落ち葉は良質の腐葉土を作り、保水力、浄化作用も高い。ただ、材木になりにくいことから杉やヒノキにとってかわられ、我が国でも姿が少なくなってきている。

堀江さんが住む余呉町坂口の菅山寺周辺には、低地には珍しくブナ林が広がる。「菅山寺の僧らが実を食糧にするためと池の水の保水のため植えたのがブナ林に広がったのでは」とこの地のブナ林の成因を推測する。

ほりえ・さとし　64歳。余呉町下余呉。三重大農学部を卒業後、県立野洲高校教諭を振り出しに伊香高校、長浜農高などの教諭を歴任した。

会は発足後、菅山寺のブナ林の種と苗採取を手がけた。苗は約四〇〇本ほどを採取、町内のほ場で育苗。種はブナ林にシートを敷き、九七年から拾い集めているが、「まともな種は皆無」と苦笑する。五～七年周期の豊作の年に期待をかけ、その時を心待ちにする。

会としては、根気のいる作業とは別に長野県から苗と種を導入。長野県の種約二〇〇グラム約九〇〇〇本は、自宅の育苗箱で順調に育っている。会員は高齢者が多く、手足となって活動できる実働部隊が少ない悩みも抱える。

「ブナ林になるのは孫やその孫の時代。一〇〇年先のことを夢見て、私たちの時代に出来ることを手がけている」という。昨春には会員らが出て菅山寺周辺のブナ林で生育調査をした。昨秋には、町内を流れ、琵琶湖に注ぐ余呉川周辺の山に植樹も行った。

【野々口義信】

津田内湖　1967年

近江八幡市の長命寺山と八幡山に挟まれた津田内湖は、一九六七年九月から三年かけて農地に干拓された。同年八月の毎日新聞滋賀版は「またせまくなる琵琶湖」という見出しで工事開始を報じた。

写真では、長命寺山の山並みの手前に、今は陸地になっている内湖の湖面がとらえられている。

内湖の埋め立ては戦後の食糧増産計画に伴う国営事業で、津田内湖が最後だった。途中で減反政策が始まり、用途を水田から畑作に変更したが、低湿地で作物が育ちにくいなど問題が発生。バブル期にあったリゾート開発構想も消えた。

昨年八月、地元で「津田内湖を考える市民会議」が結成され、「元の内湖に戻したい」という声が出ている。前例のない提案だけに動向が注目されている。

【宇城昇】

「環境問題」を身近に感じてもらう活動を

NGO「エコ村ネットワーキング」副会長　西尾久美子さん

「特別なことをする必要はない。何が無理せず続けられるのかを考えれば良い」と、環境と共存したライフスタイルを追求する。

京都府出身、二児の母で一九九九年から大津市内に住む。神戸大学の大学院生の顔も持つ。

「都会的でありながら、琵琶湖と山を近くに感じられる大津は恵まれている。子どもを水に親しませるのに良い場所」と評価する。

誰でもいったん便利な生活を享受すれば、その生活レベルを落とすには大きなエネルギーが必要となる。しかし「子どもの存在」は環境問題に取り組ませる原動力になると考えている。「例えば粉せっけんを使った方が環境に良いと頭では分かっていても、泡立ちが悪く不便なので使うのをためらう。そこで琵琶湖の水を見つめて二〇年後に自分の子どもに今の状態で渡せるかを考えれば、少しの不便さを耐える力になる」。

水は家庭に入って使われた後、生活廃水として琵琶湖に入る。当然ではあっても、この仕組みを自分の目で確認することは少ない。「見えないところで税金からコスト負担していたことを、嫌でも自覚させられる日が来る」と指摘する。だからこそ「自分が払った税金が適切な形で使われているのか、環境への負荷を減らすためにコストはいくら掛かるのか、見続けなければいけない」。

「環境を考える団体は今までもあった。

にしお・くみこ　41歳。昨年の大津市長選で公開討論会を企画するなど、環境以外のテーマでも広く活動。エコ村ネットワーキング事務局は077-511-0707。

しかし関心はあっても、ネクタイを付けて働くような人にとって身近ではなかった」という。副会長を務める「エコ村ネット」では、環境への負荷を減らした生活を地域コミュニティーに結びつけていくことを模索し、セミナー開催などを続けている。「ネクタイを付けて忙しく働く方々に環境問題を身近に感じる形になれば」と願う。

全国的にさまざまな趣旨で環境NGOが続々と設立されている。「関心を持つ人が活動に飛び込む時、『自分が今できることは何か』を、考えの出発点にできる状況になっているし、どの団体が一番正しいかではなく、身近に感じるのはどれかという視点で考えてほしい」と提言する。

最後に「私も人が思うほどストイックで不便な生活はしていません。あくまでもできる範囲です」と明るく笑った。

【日野行介】

膳《ぜ》所《ぜ》浜　1968年

水運で古くから栄えた大津の湖岸は、陸上輸送に主役が移った近代以降、次々に埋め立てられた。本格的な工事は戦後になってから。湖岸道路の建設や市街地拡大に伴い、北に向かって陸地は広がっていった。

写真は一九六八（昭和四三）年、膳所浜埋め立て工事中に航空撮影された。現在は県立体育館や大津プリンスホテル、マンションなど、大型建物群がそびえる場所。手前の湖岸は九四年、サンシャインビーチに整備された。

埋め立て地に高層ビル群が建てられたため、湖岸道路南の住宅街から琵琶湖を望むことはできなくなった。市街地で旧湖岸の面影は、膳所城跡公園の周辺にわずかに残るだけ。前世紀に琵琶湖が最も様相を変えた一帯と言える。【宇城昇】

物言えぬ生物に代わり、作品で自然回復訴える

粘土で魚などを制作している土の創作作家
楠　照　道さん

二〇〇一年春、近江八幡市の「かわらミュージアム」で、粘土で作った魚の展示会「群（むれる）」を開いた。ヨシを登る「ヨシノボリ」やハゼの仲間の「ウロリ」など琵琶湖に群がる魚たちを取り上げた。ちょっと着色してある。表情が面白く、ユニークな作品で、鑑賞者から好評だった。

「子どものころ、琵琶湖の水はきれいだった。水が透き通っていた。水を自宅に引き込んだ池にハリヨもいた。それが今は……。随分変わってしまった。魚は物を言わない。が、きっと怒っているでしょう。そんな魚の気持ちを代弁した

かった」

本業は、中学校の美術教師。寺の住職でもある。自坊の庫裏の一部がアトリエ。「制作にかかると、家中あちこちに粘土が落ちて、家の者を困らせているんですよ」といたずらっぽく笑う。

大学で彫塑、木刻を学んだ。「土のにおいと、その柔らかな感触。それが好きで、ずっと〝粘土遊び〟を続けている。人形を作っても、魚を作っても、表情にどこか、これまで出会った教え子の顔が入りこんでしまう」。そう言う作家の顔には、どこか仏さんのような、無心で、あどけない面影がのぞく。

こつこつと作った人形が大分たまったころ、知人に勧められて彦根で個展。二十年前のこと。それがきっかけで、京都のギャラリーでも開催。最近では、年に一度は個展を開催する忙しさ。

くすのき・てるみち　能登川町猪子。53歳。金沢市立美術工芸大彫刻科を卒業後、伊吹中学を皮切りに教諭、教頭を務め、昨年から愛東町教委の学校教育課参事。能登川町の正福寺住職でもある。

テーマは「土」。仏足図やレリーフも作ってきた。ここ数年は魚。次は河童（かっぱ）だという。出来上がるものは次々代わる。だが、一貫して流れているのは、住み良い生活空間を求める、自然からの叫び。

次はなぜ河童なのか。「琵琶湖のすべての生き物の代表に思えてならないから」だそうだ。子どもの夢でもある河童。湖の童でもある河童と湖のかかわりを追求するのが狙い。試作品は既に出来ている。網にかかった河童。水辺で戯れる河童。琵琶湖の漁具やヨシを使って表現しようとしている。

夏休みを利用して秦荘町の歴史文化資料館で「土と遊ぶ作品展」（七月二十日～九月二日）を開催した。ここに楠さんの代表的な作品が集結。「土の面白さ」を知ってもらうのが狙い。会期中の八月五日には、大人を対象に粘土で作品づくりをする「教室」も開いた。

創作の根底には、幼いころ、琵琶湖で遊んだ楽しい思い出がある。それが壊された怒り。硬い、陶器や金属ではない、ほこりっぽいが柔らかな土で、人形や魚に託して人間社会に訴えかける。「琵琶湖が、その周りの川や池が、昔のようによみがえる日まで、制作活動を続けたい」と。

【斎藤和夫】

玻《は》璃《り》丸 1968年

戦時下の昭和初期に衰退した湖国の観光産業に復興の機が訪れたのは、一九五〇（昭和二五）年の琵琶湖の国定公園指定。期待を背負って翌年に就航したのが玻璃丸。流線型の操舵室と優雅な船型が人気を博した。写真は六八（昭和四三）年春の撮影で、甲板にいっぱいの行楽客をとらえた。

最初の遊覧専用船は、〇七（明治四〇）年建造の八景丸。戦前から遊覧船は湖国観光の中核だった。それが一変したのが、六〇年代以降の琵琶湖大橋や湖岸道路など陸路の整備。岸から琵琶湖を眺める時代が訪れ、七〇年代には乗船客は半減した。

とはいえ、沖に出て感じる琵琶湖の広さは格別。八〇年代以降も欧米風の大型遊覧船、ミシガンとビアンカが就航し、観光の主役の座にある。 【宇城昇】

釣り具のポイ捨て深刻、マナー向上を呼びかけ

琵琶湖でルアーの回収をしている

長谷川　広　海さん

「こんなのはなんぼでも出てきますよ」。守山市木浜《このはま》町の湖岸。長谷川さんが足元を何気なく掘り返すと、土の中からブヨブヨとした奇妙な物体が。釣り客が捨てていったルアー（疑似餌）の残がいだ。流れの関係で枯れた水草が多く打ち上がる所だが、必ずルアーが絡まっている。プラスチック製のルアーは劣化して肥大している。

ここ数年、ブラックバスを中心とするルアー釣りが急速に人気を集めている。琵琶湖では週末、約五〇〇〇人が釣り糸を垂れ、南湖だけで八〇〇隻のバスボー

トが出航しているという。多くの人が気軽に釣りをするようになった半面、マナーは低下。「ルアー釣りは海外から入ってきたが、マナーまで輸入できていない。本や雑誌でも、回収のマナーまでは紹介しないんです」と危機感を募らせる。

見かねて、二〇〇一年三月には有志二人と三回にわたって回収作業をした。冷たい風が湖上を吹き抜ける中、水中に潜り約四〇キロ分のルアーを回収。それでも全体からみればごく一部に過ぎない。

はせがわ・ひろみ　1954年生まれ。自営業。大津市千町1。高知県出身。大津に住んで約20年になる。イベントの問い合わせ先は自宅（077-534-7090＝ファクス兼用）。

プラスチックルアーには素材を軟らかくするためにフタル酸ジエチルヘキシル（DEHP）が使われている。生物の生殖機能を乱したりする環境ホルモンの疑いがあるとして環境省が優先的に調査している物質だ。

県環境政策課の調査ではプラスチックルアーの質量の約一〇％はDEHPで、水に浸しておくと七日間でそのうち一～

二％が流出することが分かっている。建設省（現在の国土交通省）の九九年調査で湖水からＤＥＨＰは検出されなかったが、危険性は未知数だ。

自身が数年前までルアー釣りを楽しむ一人だった。「何も考えずにルアーを捨てていました。釣りの楽しさもよく分かる。でもこのままいくと琵琶湖でルアーが全面禁止されかねない。それが一番怖いんです」。大切なのは一人一人のモラルだ。

【平野光芳】

永源寺ダム　1971年

湖東地域の農業用水確保や発電などを目的にした永源寺ダム（永源寺町）が、愛知川上流に完成したのは七〇（昭和四五）年。戦後間もない四七（昭和二七）年に国営事業として調査が始まったが、水没集落の建設反対運動で、完成に四半世紀近くを要した。

写真は七一年三月、試験貯水の開始直前の姿を写した。むき出しの山肌が、大規模開発の様相を伝える。

この写真には、「やっとでき上がった湖東平野待望の永源寺ダム」の説明が添えられている。二十一世紀の現在、長野県知事の「脱ダム宣言」に代表されるように、自然破壊を招くダム開発は批判の対象となった。社会意識の変化を感じさせる。

【宇城昇】

湖面や砂浜のゴミ回収、今の美しさ守る機運を

多景島・見塔寺住職
勝見龍照さん

「島に着任したころは水ももう少しきれいで、泳ぐ魚が時折だが見えた。ここ十数年で透明度はかなり悪くなった。通勤に使うボートもごみを巻き込んでエンジントラブルを起こし大変」。琵琶湖に浮かぶ多景島《たけ》（彦根市八坂町《はっさか》）の霊夢山見塔寺《けんとう》から湖を見渡して話す。島の本院と湖岸の別院を〝足代わり〟のモーターボートで行き来しながら琵琶湖を見続け、読経と湖岸の掃除が日課になっている。

「実は脱サラ僧。寺の奉仕活動に加わり、心洗われた思いをしたことから仏門に身を投じた」。三十年ほど前のことだ。湖岸側からだけでは分からない琵琶湖

の素晴らしい風景に魅せられたのも、大きな動機だった。

　約三百年前の建立。旧彦根藩主が加護していたといっても檀家《だんか》のない寺。朽ち果てる寸前だった。信者や入島者に浄財の提供を呼び掛け、本堂や書院を整備。島の自然林も手を入れてどんどんよみがえった。「島や湖を見守っていこう」と誓った。

　しかし間もなく湖上レジャーブームに。「夏には島の桟橋がモーターボートのレジャー客に占拠され、ごみを山積みにして残す。湖に空き缶やスーパー・コンビニの袋を投げ込む。きれいだった水も当然、汚れた」。参拝客から「抱いていた『美しい島』というイメージがなく、霊験も期待できない」と言われることも。

「このままでは島は台無しになる」

　率先してごみを集め、袋類を湖面から引き上げ、目に余るレジャー客は一喝。

かつみ・りゅうしょう　1947年生まれ。彦根市柳川町。会社勤めなどを経て74年に仏門へ。日蓮宗総本山（山梨県）、同大本山（千葉県）などで修行、同宗の教師の資格をとった。

徹底した島の美化活動に乗り出した。それでも聞かない者は「島への立ち入り禁止」を打ち出した。「何度か来るレジャー客も『住職には逆らえん』とマナーも良くなっている」という。

十四年前、島の南東約四キロの対岸の八坂町に別院を建てた。手狭になったため、三年前には柳川町の湖岸にあった民間会社の保養施設を買い取り、自力で寺院風に改装。道場などすべての部屋や境内から琵琶湖や多景島が望める絶好の環境だ。

「夏場、隣の砂浜は水泳客や水上バイクの若者が来て、自然破壊やごみの悩みがついて回る」。流れ着く袋や空き缶、空き瓶、木切れも多い。住職はもちろん、妻勢津子さん、大学生の長男龍経さん、四月から大学生の長女昌代さんも参加して清掃に追われることも。ビニール袋などはダイオキシン汚染が心配なので市の回収に出している。

「こんなに美しい湖の中にあるお寺。多くの人が湖と自分とのかかわりを考える場所として、もう少しゆっくりしてもらえるよう整備したので、みんなで今の美しさを守る機運を高めてもらいたい」と話す。

【松井圀夫】

奥琵琶湖パークウェイ　1971年

湖北に突き出た半島、葛籠《つづら》尾崎《おざき》を貫く奥琵琶湖パークウェイ（全長約二十キロ）。写真は開通間近の一九七一（昭和四十六）年九月に撮影された。むき出しの山肌が、急カーブが続く山腹の道路を浮き上がらせている。

リアス式湖岸と沖に浮かぶ竹生島が絶景をかもし出す半島は、長く陸路の整備が遅れていた。観光道路としての役割にとどまらず、地域振興の期待も背負った開発だった。当初は県道路公社管理の有料道路だったが、八九年に一般県道となり無料化された。

近年も土砂崩れによる不通が相次ぐなど、変わらず交通の難所ではあるが、雄大な琵琶湖を望めるスポットとして人気を博している。

【宇城昇】

「私たちの湖」に関心持ち大事にしようとの意識を

琵琶湖の魚を細密画で描く　今森洋輔さん

「地元の人に、何でこんな山の中へ好きこのんでと、よく言われました」。アトリエは、マキノ町の奥まった里山の中の一軒家。不便な場所を選んだ今森さんに、初めは地元の人も不思議がったが、今ではよく野菜を持ってきてくれたりするという。

高校まで大津市で育ち、柳が崎水泳場あたりが子供時代の遊び場。画家・イラストレーターを目指し上京、科学雑誌や図鑑の挿絵を手がけ、とりわけ動植物の細密画で高い評価を受けた。

魚や昆虫の取材で郷里を訪れることが多くなり、「こんなに自然に恵まれていたのか」と目を見張る思いだったという。琵琶湖とその周辺をフィールドにしようと決心し、マキノ町へ移住したのは九五年。適した環境を求めてたどり着いたのがこの里山だった。

「年月を置いて郷里に戻ったことによって、環境の変わりようが、かえってよく見える。子どものころ、よく釣りをしたが、『またボテや』と捨てていたボテジャコが、最近では希少種。釣りをした桟橋もなくなった。寂しいですね」

いまもり・ようすけ　マキノ町辻。1962年生まれ。雑誌、単行本、図鑑の装丁、表紙などを手がけ、87年フリーランスとして独立。自然写真家として知られる兄光彦さんが撮影フィールドの一つとしている雑木林は、アトリエのすぐ近く。

少年時代、今森さんにとって、琵琶湖は単に生まれながらにしてあった自然でしかなかった。しかし、一度離れたことで見方は全く変わった。琵琶湖と共に暮らしていると思っている県民の多くも、本当の姿を再認識し、琵琶湖を正しく評価する必要があると感じている。

そうした思いから描く琵琶湖の生き物たちは、鱗《うろこ》一枚、斑点《はんてん》ひとつゆるがせにせず、精密そのもの。写真では表現し得ない存在感と躍動感にあふれ、本当に生きているかのように迫ってくる。

マキノ町に移住して最初の成果が、初の単行本「琵琶湖の魚」。琵琶湖で確認されている五五種類の魚を細密画で描き、やさしい解説を添えた。世界湖沼会議に合わせ、二〇〇一年十一月、偕成社（東京）から出版された。

色合いを出すため丹念に重ね塗りを続ける根気のいる作業。西欧的な博物画の技法に、日本的な画法を巧みに融合させ、新境地を開いたとされる独特の細密画で、琵琶湖の魚図鑑としては、最も精密で美しいものとなっだ。

「琵琶湖には、こんなにすてきな魚がいっぱいいるから、みんな大事にしようよ、という意識が芽生えてくれたら、作家みょうりに尽きます。自然保護うんぬんより、まず『私たちの湖』として関心を持ち、実際の姿を知ってほしい」と願う。

【森岡忠光】

早崎内湖干拓地　1973年

一度埋め立てた内湖を再生できるのか。その実現可能性を探る県の調査が、びわ、湖北両町にまたがる早崎内湖干拓地（約七八ヘクタール）で二〇〇一年十一月始まった。水田に水をためて、水質や土壌を分析し、野鳥や魚介類などの生き物の調査も行う。

早崎干拓地は七〇（昭和四五）年完成。バブル期のリゾート開発ブームに乗って、農地をゴルフ場に造成する計画が持ち上がった。しかし、地権者の同意を得られず、九九年に計画は断念された。

写真は完工間もない七三（昭和四八）年に撮影された。中央上部に新しく整備された農地が広がり、自然の植生が残る手前の湖岸を湖周道路が貫く。時代に翻弄された土地を舞台に、〝環境の二十一世紀〟の実験が始まった。

【宇城昇】

外来魚対策に時間なし、漁業者の立場で訴える

県漁業協同組合連合青年会会長理事　戸田直弘さん

琵琶湖で最近、エビが捕れなくなったという。

「ちょっと前まで、漁師の言葉で言うと、『わくほど』捕れたもんです。原因はブルーギルですよ。腹を裂いてみると、何十匹というエビが胃に収まっている」

日々、湖の恩恵に接している漁師だからこそ、生態系の変化を身をもって知る。漁に出始めた二〇年ほど前、ブラックバスやブルーギルなどの外来種は、たまに網にかかる程度だった。今では、フナやコイなど在来種を見つける方が難しい。

「毎年のように捕れる魚の種類が減っていく。五年、一〇年かけて議論する問

題ではない。来年の湖はどうなっているのかと考えると、やるせないし、怖いですよ」

所属する守山漁協では、外来魚に四〇〇度の高熱処理をして肥料に加工している。しかし、二台ある機械の処理能力は一日一〇〇キロ。それに対して、水揚げされる外来魚は一トンで、ほとんどは利用されることもなく回収業者に引き取られる。

とだ・なおひろ　守山市今浜町。1961年生まれ。漁師歴20年。99年に会長理事に就任し、現在2期目。守山漁協監事も務める。

「いくら外来魚とはいえ、ただ殺すだけの駆除は漁師としてつらいもんです。でも、湖に放してしまうとどれだけの被害を及ぼすか。だから、捕り続けないといけない」

外来魚の駆除を巡っては、釣りの自由を主張する愛好者や釣り業界と、生態系の破壊を危惧《きぐ》する漁業者や研究者らが、鋭く対立する。利害が全く正反対なだけに、妥協策を見出すのは困難な状況だ。

「バス釣りの禁止。琵琶湖を守るにはそれしかない」と言い切る。ブラックバス釣りを楽しむ愛好者がいて、潤う業界がある限り、外来種は増え続け、琵琶湖固有の魚は減る一方。「このサイクルを断つため」と言う。

怒っても嘆いても、議論しているだけでは何も動かない。若手の漁師三二人で作る「県漁業協同組合連合青年会」で、行動を始めた。二〇〇〇年十二月には、大津市の雄琴港の湖底に潜り、放置された大量のプラスチックワーム（疑似餌）の回収作業を行った。釣り客にマナーを自覚してもらうためだ。ワームの溶剤は水環境への影響が懸念されている。

二〇〇一年八月十二日には「琵琶湖を県民とともに考える日」を企画。守山漁港周辺で参加者にエリ漁などの漁業体験をしてもらい、外来魚が在来種を圧倒している現状を知ってもらう。十一月の世界湖沼会議では、青年会のメンバー二人で、漁業者の立場から外来魚の問題を論文発表する。

「外来魚が増えた原因は、誰かが放流しただけではなく、湖岸を開発してフナやコイの住みかだったヨシ帯を壊したこともあるでしょう。でも、その間違いに気付いてヨシ保全の条例を制定し、今では植栽までしている。それに比べて、外来魚の問題は琵琶湖を預かる県民にさえまだ浸透していない。一匹のバスやブルーギルがどんな被害をもたらすのか。そこから考えてほしい」

【宇城昇】

自分たちで「何とかせな」地元の不法投棄ゴミ回収

「龍門町の自然を考えての会」発起人
中井英義さん

「地元の人は絶対このあたりの道路にごみなんか捨てません。車で来た人たちの仕業でしょう。ここで育った人間からすると非常に残念」

大津市大石龍門町で生まれ育ち、二〇〇〇年一年間、自治会長を任された。熱心に取り組んだのは、道路脇などに多く捨てられていた不法投棄対策だった。

「六年ほど前から大型の電化製品などの不法投棄が多くなっていたので気にはしていましたが、現場を見て余りの多さに驚きました。『何とかせなあかん』と」。市に頼んで不法投棄禁止の立て看板を道路に立てたりしたが、余り効果はなかった。そのため自治会長を退いた二〇〇一年五月、ごみを回収するボランティア組織「龍門町の自然を考えての会」を設立。「行政も県道や林道まではなかなか手が回らないのが実情。自分たちの手で何とか子供のころの環境に戻したいという思いから始めました」

六月十七日、地区内の県道や林道沿いに不法投棄されたごみを会員ら約二〇人で回収した。タイヤ約五〇本や洗濯機、クーラー、布団など約四時間かけて集めた。その日の反省会で会員から「自分も旅行などに行った時などについつい捨てていた」という話が出た。思わぬ告白に「あの言葉には考えさせられました。実際に自分たちで回収してみないと気付かないこともある、とその時実感しました」

なかい・ひでよし　58歳。大津市大石龍門３。７月１日の「琵琶湖を美しくする運動一斉清掃」でも道路脇のごみの回収を行った。次回の回収事業は11月ごろの予定。

大石地区には信楽町へつながる県道が通っており、抜け道として平日、土日を問わず車の通行量は多い。がけのすぐ近くを道路が通っている場所もあるが、かえってそれが不法投棄を加速させている。木陰の近くなどにある車の待機場所が格好の「ごみ捨て場」になってしまっている。実際、待機場所の近くには弁当の容器など食料品のごみが多い。

「大石川は直接琵琶湖へは流れていない。しかし京阪神方面に流れている以上、琵琶湖の水で生活している私たちは、ホタルが見られるくらいきれいなこの川を守っていかなくてはならないと思っています」

回収を始めて一番うれしかったことは、会員以外の地区住民が、集められたごみを見て協力したいと名乗り出てくれたこと。「積み上げられたごみの量を目の当たりにして、不法投棄のひどさに気付いてくれた人がたくさんいた。次回の回収の時にはぜひ誘ってほしいという人も出てきてくれました」

回収は定期的に続けていきたいという。「結局は一人一人のマナーの問題。人が捨てたごみまで拾うのは抵抗があるかもしれないが、自分の出したごみをきちんと捨てるのは当たり前のこと。環境とか自然とか大きなことは余り考えず、まずは自分たちの地域から、小さなところから始めていけばきっと大きな成果を得ることが出来ると思います」

【小川信】

大同川 1973年

大阪市が二〇〇八年の招致を目指した大阪五輪。そのボート競技場を能登川町の大同川に誘致することを巡って揺れた問題は、競技団体が「大阪の選手村から遠い」と難色を示し、あっけない幕切れとなった。

大同川は同町伊庭付近で川幅を広げ、地元で「伊庭内湖」と呼ばれる。写真は三十年ほど前の撮影だが、手前左の河畔に観光用の水車が立ったのと、湖岸の道路が開通したのを除けば、ほとんど変わらぬたたずまい。静かな水面を包むようにヨシ原が広がる。県鳥のカイツブリなど動植物の繁殖地となっている。

「こんな美しい自然を壊そうとして、何が五輪と環境の共生ですか」（地元の野鳥の会のメンバー）。地域振興の機会を逸したが、二十一世紀に引き継ぐもっと大事なものを守ったのかもしれない。【宇城昇】

固有種保護へ外来魚の駆除活動根付かせたい

「琵琶湖を戻す会」代表
高田昌彦さん

趣味は「淡水魚を飼ったり、写真を撮ったりすること。子供が昆虫採集に夢中になるのと同じ感覚」。学生時代、大阪市に住んでいたころから琵琶湖に通っていた。

一九九五年からパソコン通信を始め、日本に住む淡水魚のコーナーで飼育や採集方法などの情報交換をしていたが、一方で淡水魚を食べるブラックバスやブルーギルといった外来魚駆除の話題も避けて通れなかった。

「二〇年前には琵琶湖競艇場付近でもタナゴが見られたが、一〇年程前からは湖北の一部を除いて、ほとんどいなくなってしまい、ブルーギルだらけになった。水生昆虫も見られなくなった」。その原因を「肉食のブラックバスが放流されたことで、元々いたタナゴやフナといった固有種が次々と捕食された。淡水魚がいなくなったところに、雑食のブルーギルがタナゴの卵や昆虫などを食べて増加していったのでは」とみている。

ただパソコン上で「外来魚の駆除が必要」と訴えることに限界を感じ、パソコン通信仲間と「琵琶湖を戻す会」を結成。「駆除活動に協力、参加してくれる人なら誰でも会員」で、入会制度などはない。

二〇〇〇年五月二十八日、草津市志那中町で釣りによる「外来魚駆除大会」を主催した。「バス釣り」ブームの影響で、琵琶湖にブラックバスを釣りに来る人は多いが、「バス釣りはキャッチ・アンド・リリース（釣った魚は逃がす）が基

たかだ・まさひこ　大阪市中央区。39歳。淀川水系などでも淡水魚保護活動を行う。外来魚駆除大会の日程や結果、アドバイスなどをまとめたホームページはhttp://www.sen.or.jp/˜takada/kujyo/

本なので、生息数はなかなか減らない。各漁協でも引き取ってもらえるが、週末は閉まっているのでなかなか難しい」と話す。

大会には仲間らが関東からも駆け付け一一人が参加。ブラックバスとブルーギル約二〇キロが釣りあがった。二〇〇〇年は一回しか行われなかったが、翌年は既に四月と六月に二回開催。参加者も四〇人、五六人と徐々に増え、釣りあがったブラックバスとブルーギルも二回とも約三六キロだった。九月三十日にも開催予定。釣った魚は守山漁協に引き取ってもらい、魚粉にして肥料に加工するという。

ただ、琵琶湖の淡水魚を守る活動とはいえ、会は魚好きの集まり。ブルーギルやブラックバスを殺すことに抵抗がないわけではなく、忍びない気持ちになるという。資金面でも、会役員の自腹と大会参加者の寄付だけなので苦しい部分もある。

「まだ始めたばかりだが、大会の輪を広げ、琵琶湖の至るところで行いたい」と力強い。「私たちが釣ったところで外来魚が急激に減るわけではないが、地元の人たちが釣り糸を垂らす姿があちこちで見られるくらいに駆除活動を根付かせ、琵琶湖を少しでも昔の姿に戻したい」

【奥山智己】

近江大橋　1974年

大津市膳所と草津市矢橋を結ぶ全長一・二九キロの「近江大橋」は七四年に完成した。写真は同年五月二十四日、中央部分のドッキング時の撮影。後方には既に都市化が進んでいた大津市街地が見える。

計画が持ち上がったのは大津市堅田—守山市水保を結ぶ「琵琶湖大橋」が完成した六四年。大津市は国道一号の渋滞緩和を目的に「第二の琵琶湖横断橋」建設を打ち出した。草津市側にも同様の構想があり、県営事業で七一年に工事が始まった。

開通で大津—草津間は車で二〇分足らずに大幅に短縮された。湖南の大動脈となり、周辺の発展に大きく貢献。モータリゼーションの時代の到来を支えた。　【宇城昇】

子育てする大切な場所、釣り針や糸を捨てないで

草津でコハクチョウの保護活動を続ける

松村　勝さん

「コハクチョウが琵琶湖を離れるとき、お礼を言ってくれているように思えるんですよ」。草津市の湖岸には十一月ごろ、約三十羽がシベリアから飛来し、冬を過ごす。広い琵琶湖でも数少ない「エサ場」だ。

京都府出身。幼いころ父親に連れられてモロコを釣っていた草津に、結婚を機に住み始めて約三十年が過ぎた。一九九九年結成した「草津湖岸コハクチョウを愛する会」の理事長を務める。定年退職後の男性が多いという会のメンバーは冬の間、心無い人のいたずらや、捨てられた釣り針や糸などからコハクチョウを守

りたいと監視を続ける。

鳥が好きで、バードウオッチングが趣味だったが、六年前に心筋こうそくで倒れ、二度の大手術を経験。長期入院する中で生きることに絶望しかけていた時、病院を抜け出し夕日の沈む湖岸へ。寒さに震えながら湖面を見つめていると、一メートル以上もある大きな羽根を広げたコハクチョウが眼前に迫ってきた。「躍動感が自分を励ましてくれた。生きる希望を与えてくれているように感じた」と魅せられたきっかけを語る。

飛び立つ姿を写真に収め、常に眺めていたいと、九九年から本格的にカメラを始めた。冬の間長い望遠レンズをつけた一眼レフカメラを手に、大きな羽根を広げて湖面を飛び立つ瞬間をじっと待ち続ける。

冬の風が吹きさらす湖岸の寒さは厳しい。しかし「飛び立つ姿には寒さに耐え

まつむら・まさる　56歳。「草津湖岸コハクチョウを愛する会」理事長。草津市在住。

るだけの感動がある」。また「コハクチョウを見守る」という同じ目的で集まった人々の間では、今の社会で得られない貴重な人間関係を作れる魅力があるという。

十一～二月の湖岸はコハクチョウにとって越冬と同時に子育てをする大切な場所。しかし「水面で休んでいるコハクチョウに石を投げ入れる人もいる」と嘆く。また昨冬、コハクチョウが集まっている湖面にモーターボートが突進。その直後にコハクチョウは一斉にシベリアに向って飛び立って行ったという。人間によって嫌な思いをしたコハクチョウは次の冬再び来てくれるのか心配している。

【日野行介】

矢橋帰帆島《やばせきはん》 1975年

南湖の巨大な人工島・矢橋帰帆島（草津市）。矢橋は万葉の昔から港町として栄え、近江八景の一つにも数えられた。近代に入って船運は衰退、戦後は住宅地として開発が進んだ。

高度成長期に琵琶湖の水質は悪化。大津市や草津市など県南部の下水処理を担当する終末処理場を建設するため、矢橋沖を埋め立てることに。一九七三年に始まった造成工事だが、環境への影響が懸念され、一度は中止して再検討された。八〇年に造成が終わり、八二年から供用が開始された。

写真は外枠の鋼板を打ち終わった七五年秋の撮影。湖岸線が、まだ自然のヨシ原だったことが分かる。

人工島は下水処理施設の建設だけでなく、緑地公園化された。現在は市民の憩いの場ともなっている。

【宇城昇】

減った家庭雑排水流入、小魚泳ぎホタルも飛ぶ

米川支流環境づくり協議会長
服部和吉さん

長浜市大宮町で本流と分岐、市内の中心街の家並みの中を縫うように流れ、琵琶湖に注ぐ米川支流。幅二～三メートル、長さ約七五〇メートル、本流とともに中心街の景観づくりに欠かせない河川の一つになっている。

「商売の関係で昭和三十年代に、この町に来ました。そのころの川は、水量も豊富で、琵琶湖からアユもそ上、きれいな川でした」と当時の風景を振り返る。

このきれいな川も六〇年代後半ごろから下水道未整備による家庭雑排水の流入、投棄ごみでドブ川化。悪臭を放つようになった。「今なら間に合う」と七五

年、沿線七自治会住民が立ち上がり、「米川支流を愛する会」を結成、清掃など河川美化運動を始めた。

この運動の高まりが共感を呼び、八四年になって地域のリーダーや環境保全に関心の高い人らが加わって「米川支流環境づくり協議会」が発足した。愛する会や協議会の活動には、長らく市連合自治会長も務めた故・片野喜代士さんの献身的な努力があり、片野さんの死去で、運動当初から苦労をともにした服部さんが遺志を継いだという。

はっとり・かずよし　69歳。長浜の伝統産業のビロード卸商を営む。89年から、沿線住民らで組織する米川支流環境づくり協議会長。

協議会はまず、各家庭から米川までの排水路を調べ、排水路マップを作成、流域全戸に配布。定期的な河川清掃、河川パトロール、環境フェスティバルや小学生による水生生物の調査、川を身近に感じてもらう「川と遊ぼう」などさまざまな活動を続けてきた。

この住民運動に行政も呼応。市も米川

支流のヘドロを除去し、そのあとにクリ石や穴開き化粧ブロックを置いたり、両サイドにショウブなどを植栽する河川美化工事を実施している。「汚れた米川の水は琵琶湖に入り、その水を私たちは飲料水にしている。口にする飲み水をきれいにするのが私たちの取り組みです」

米川沿線は、下水道整備が進み、問題だった家庭雑排水の流入も少なくなった。今では、小魚も泳ぎ、ホタルも飛ぶようになった。しかし下水道整備の結果、流入水量が減少しており、新た問題も。「水量増を行政に働きかけ、川沿いに遊歩道などを設けてもらい、市民にも観光客にも親しみのある川にしたい」と夢を語る。

【野々口義信】

萩の浜 1977年

白砂青松が約一キロにわたって続く高島町の「萩の浜」。遠浅の水泳場は、夏には大勢の人でにぎわう。写真は七七年七月、水辺で楽しむ子どもたちの姿を撮影した。

同じ年の五月、湖西地方の沖合は、琵琶湖の歴史で初めての大規模な赤潮に見舞われた。「このままでは萩の浜で泳げなくなる」。地元の人々は水を守る運動に乗り出したのだが、ある古老は嘆く。「今の若い人にこの話をしたら『じゃあプールで泳ぎます』と言うんだ」

琵琶湖の水がすっかり入れ替わるには約二〇年かかるという。水改善にも一世代待つくらいの辛抱が必要なのだが、思いを引き継ぐのは難しい。

【宇城昇】

水と人との在り方探り新しい文化を創造しよう

蒲生野考現倶楽部事務局長　井阪尚司さん

かつて蒲生野《がもうの》と呼ばれた近江八幡市や竜王、蒲生、日野各町。この一帯には昔から特有の水文化が息づいていた。それらを見つめ直し、新しい文化を創造しようと活動を続けるのが「蒲生野考現倶楽部」。その事務局長を務める。

例えば、この一帯には近くの川から屋内まで引き込まれた「カワト」と呼ばれる水路がある。古くからの民家では昭和三十年代ごろまで、カワトを泳ぐコイの姿を見ながら家人がそこで野菜や皿を洗っていた。「水は天から与えられたもので、溝には溝の、池には池の神様がいるから汚してはならない。人々はそう考えて水を大切に使ってきたのです」。

しかし昭和四十年代に入り、水道が敷設されて状況が変わった。蛇口をひねれば水が出るようになり、生活排水の流れ込む先に人々の思いが至らなくなった。排水は川から琵琶湖に流れて富栄養化を起こし、カワトの水も汚れた。「生きた水が循環していると考える精神文化が次の世代に継承されなくなった。琵琶湖の水質が悪化した原因の一つといえます」。水と人の関わり方はどうあるべきか。

いさか・なおし 1953年日野町生まれ。滋賀大大学院修了。小学校教諭として蒲生町などに勤務し、昨年4月から信楽町立雲井小教頭。同会創立の90年以来、事務局長を担当している。

こうした問題意識が同倶楽部の活動を支えているという。

メンバーは約四十人。教員や役場職員、会社員など職業はさまざまだ。子どもたちが水路を調べる「みぞっこ探検」▽ため池の分布を調べて役割を見つめ直す調査▽魚取り▽無農薬、有機肥料による三世代交流のコメ作り——などの活動を続けている。蒲生町社会教育課の事業として、メンバーが企画立案段階から携わっている。「借りた農家で農具などを展示した宿泊施設を始める計画もあります」

「みぞっこ探検」は元々、当時の勤務先・蒲生東小で自ら取り組んでいたものだ。いわば総合的学習の原型とでもいうべき取り組みで、小学生が大人と一緒に地域の水の流れを見て歩く。ポイントごとに流れの様子や水草、水生生物、ごみなどを調べていく。地元のおばあさんに「ここはカワトといってね、昔は大根や皿を洗ったりしたんだよ」と教えられたり、子どもたち同士で「洗剤が溝を流れたら中の生き物は苦しいやろな」などと話しながら。「実際に自然と触れ合う『たんけん・はっけん・ほっとけん』。これが活動のモットーです」。昨年夏、これまでの活動をまとめた同名の著書を、蒲生野考現倶楽部と自分の名前で出版した。

京都精華大の嘉田由紀子教授が提唱している「生活環境主義」という考え方を大切にしているという。「自然と生きる地域の暮らしにこそ、真に環境問題として取り組まなくてはならないものがあるという考えです。この姿勢を大切に、今後は新しい文化を創造するような活動に力を入れていきたい」

【河出伸】

西の湖　1978年

琵琶湖独特の景観である内湖。戦前の一九四〇（昭和十五）年には、三七カ所約二九〇〇ヘクタールあったのだが、戦中から戦後にかけて、食糧増産のために次々に干拓された。三〇年後の一九七〇（昭和四五）年には、一九カ所約四二五ヘクタールにまで減った。

現在残る最大の内湖が、近江八幡市と安土町にまたがって広がる西の湖（約二八五ヘクタール）。淡水真珠の養殖が盛んで、伝統のヨシ産業の本場でもある。

写真は七八（同五三）年六月に航空撮影。真珠の養殖いかだが幾何学的な模様をつくる湖面と、周囲の水田が織り成す屈指の水郷風景を写している。

【宇城昇】

親子二代、保護への情熱、光の〝舞い〟今よみがえる

守山市ほたる研究会会長　南　喜右衛門さん

「かつて守山はホタル日本一と呼ばれたほどホタルが多かった」――。高速道路や鉄道など交通網の整備とともに人口も増え、発展する湖南地域。守山市でも住宅地などが広がり、戦前とは様子が変わってしまった。しかし、市民の積極的な取り組みで、数年前からホタルの光の舞いが帰って来つつある。

大正時代の守山は、一坪に三〇〇～四〇〇匹もいるといわれた名所だった。有名になったため乱獲されるようになり、保護のため一九二四（大正十三）年、旧内務省の「史跡名勝天然記物指定地」に指定された。天然記念物の指定としては

全国初だった。第二次大戦後、開発や農薬使用などのため河川の汚れが進み、絶滅の危機と言っていいほど少なくなった。

南さんの父、故・喜市郎さんは二〇歳代だった大正時代からホタルの保護と研究に取り組んでいた。南さんが物心ついた時には、喜市郎さんが自宅で生け花用の水盤を使い、一回に何千匹ものホタルの飼育をしていたという。

喜市郎さんは一九五〇年代に人工飼育に成功。五八年には、米ニューヨークタイムス紙に「世界で初のホタル飼育に成功」と報道された。「私も父と一緒にえさのカワニナを集めたり、手伝っていた。飼育に成功し、室内でホタルの光を見た時は本当にうれしかった」と振り返る。

しかし、ホタルの激減のため六〇年には天然記念物指定が解除された。このころから全国のホタル研究・愛好家が南さんの方を訪れるようになり、六八年には第一

みなみ・きえもん　1939年生まれ。守山市守山2。79年、守山市ほたる研究会設立とともに会長に就任。昨年、第1回大会から32年ぶりに守山市が会場となった第33回全国ホタル研究会で、実行委委員長。現在、県野球連盟専務理事も務める。

回全国ホタル研究会が開かれ、七九年には守山市ほたる研究会が発足した。八〇年代からは研究会のメンバーも含め、地域住民の運動や行政のホタル復活事業が市内各地で始まった。えさのカワニナの放流のため河川の水質を調べたり、ホタルの幼虫やカワニナの生息調査、清掃活動など積極的な取り組みが始まり、現在も続いている。昨年四月にはホタルの保護をうたった「市ほたる条例」が施行された。

市が七九年から始めたホタル飛翔調査では、同年に九一八匹だったのが、九八年には三三五七匹を数えるほどになった。「下水道の普及なども手伝ってようやく五〜六年前から守山川や、支流の三津川などにホタルが帰ってきた。『絶滅』から実に半世紀ほどの歳月が必要だった」と話す。

「十一月の世界湖沼会議では琵琶湖の水質保全問題に注目が集まるはず。しかし琵琶湖だけでなく、琵琶湖に注ぐ河川をきれいにすることも重要だと知ってほしい」と期待する。「市内の学校に呼ばれてホタルについて話すこともあるが、守山の自然を子どもたちに残していくことに私もお手伝いできたらと思う」と目を輝かせた。

【田倉直彦】

野洲川放水路　1978年

鈴鹿山系に発する野洲川（約六一キロ）。琵琶湖に流入する河川では、湖北の姉川に次ぐ流域面積を誇る。伏流水に恵まれた下流部は、古来から江州米の産地として知られたが、民家より高い堤防で囲まれた天井川でもあった。頻繁に起こる洪水は流域の住民を脅かしてきた。人々は暴れ川を「近江太郎」と呼んだ。

本格的な改修工事が始まったのは一九六〇年代。南北二方向に分かれていた下流部を一本の放水路（約八キロ）にまとめる計画で、水没する集落の猛反対にあいながら、八一年に完成した。

写真は、改修工事が進められていた七八年六月に空撮された。なだらかな曲線が人工的な美しさをかもし出している。

工事の際に発掘された遺跡からは、この地が古くから幾度となく洪水に見舞われた歴史が確認できた。放水路の完成で、氾濫の歴史に終止符が打たれた。

【宇城昇】

子供たちに自然を守る大切さ学んでほしい

メダカの学校小田分校校長　三崎英一さん

一昔前なら、田んぼの周りならどこにでもいたメダカ。今ではあまり姿が見られなくなり、絶滅危惧《きぐ》種となってしまった。どうしていなくなってしまったのか。身近な自然の中から、子供たちとその答えを探そう。近江八幡市の小田町に二〇〇一年五月に開校した「メダカの学校小田分校」には、そんな願いが込められていた。

生徒は、地域の小学五年生を中心に幼稚園児から小学校児童まで四六人。先生は、地域のまちづくり委員会ふるさとづくり部会のメンバー一一人。学校は、メダカ池。メンバーの休耕田を利用してこの五月中ごろ、生徒と先生が手づくりで作った。池にはメダカを三〇〇匹ほど放った。今では一万匹以上に育っている。

開校のきっかけは、近くを流れる日野川の改修工事だった。本流の脇に町の田んぼへ水を引く水路があった。ここが改修されることになった。水路にはメダカがいっぱいいいた。「メダカがすめない川はだめだ」。ふるさとづくり部会長を務めていた三崎さんらが立ち上がった。三年前のことだった。

みさき・ひでかず　近江八幡市小田町、46歳。近江八幡総合高等職業訓練校を卒業後、水道関連会社を経て、現在ダイハツディーゼル守山工場勤務。“メダカの学校小田分校”初代校長。

県と交渉、全面コンクリート張りにしないでメダカもすめる川にしてもらえないかと陳情。交渉は実ったが、コンクリートが張られることに変わりはなかった。コンクリートのアクが抜けるまで、メダカの復帰は無理と知った。

それならと、三崎さんらメンバー六人は昨冬、水路からメダカ約一〇〇匹を採取。アクが抜けるまで自宅で育てることになった。しかし、水槽で養殖するのにも限界があった。そこで思い立ったのがメダカ池を作り、次の世代を担う子供たち一緒に育てることだった。メンバーの一人、村井幸之進さん（四七歳）が休耕田の提供を申し出てくれた。計画は実現した。

池づくりには、小さな子供たちも精いっぱい協力してくれた。メダカを形どった池には、ゲンゴロウやカエルも放った。ホテイアオイやショウブも植えた。脇には琵琶湖をイメージした流入池も作った。子供たちのかいがいしい世話もあり、メダカはすくすく成長。至るところに魚影が見えるようになった。立派なメダカの学校が出来あがった。

「学校」では、メダカの飼育だけでなく地域の生き物調査なども実施。水路の生き物を調べたり、底はコンクリートか泥かなどの環境も調査。身の周りの環境をじっくり考える機会も提供している。

十一月十日には、子供が主役のメダカシンポジウムを近くの北里小学校で開催。日野川流域で観察活動などを続けているグループなどを招き、子供たちが自分の目で見た地域の環境やこれまでの調査結果などを発表してもらう。

「メダカの飼育をきっかけに、子供たちが日ごろ見過ごしていた身近な環境問題に興味を持ってもらったり、自然を守ることの大切さを知ってもらえればうれしい。今飼育しているメダカは二年後に日野川に戻す。いつまでもメダカが泳ぐ美しい自然が、ふるさと小田町に残ってくれれば」と目を細めている。

【斎藤和夫】

三十年、肌で感じる汚れ、少しでもきれいに

立命館大ヨット部監督　恵谷　徹さん

「『三井寺の風』と呼んでいる南東風があります。山を越えて三井寺方面から吹いてくる風は、乱れてなかなか読めない。たった一〇メートル先でも風向きが全く違うこともあります」「『山田の風』は鈴鹿山脈から下りてくる風。南湖では草津市山田の方から吹いてきます。これは真っすぐだから分かりやすい」。琵琶湖の風を一番良く知る人かもしれない。

母校の立命館大ヨット部監督として、大津市柳が崎の艇庫を拠点に、約四十人の学生を指導する。部は全国トップレベルの実力を誇る強豪だ。

琵琶湖でヨットを始めて約三〇年。学生時代からのめりこんだが、最後の全国大会で優勝できず、準優勝に終わった。その悔しさが、今もヨットに携わる原動力になっている。毎週末、部員とともに艇庫の合宿所に泊まり込み、練習を重ねる。

自然が相手のヨット。琵琶湖の汚れを肌で感じてきた。南湖の透明度は最大でも二メートルしかない。練習中にヨットが転覆すると、マストがヘドロの層に突き刺さって動かなくなってしまう。

えや・とおる　京都府長岡京市在住。1955年生まれ。ヤマハ発動機に勤務、ヨットやクルーザーの企画・営業を担当。現在は静岡県磐田市へ単身赴任中。週末に新幹線に乗って大津に通う。

「ヘドロは何度こすっても汚れが落ちません。においもひどい」「今は京都に住んでいますが、この水を飲んでいるんですよね」と当惑気味に話す。

「問題はマナーだと思います」ときっぱり。水上バイクの排ガスによる水質汚染が問題にされるが、発動機メーカーに勤める経験から言うと、エンジンがついていればどんな船でも汚染は同じだという。「マナーの悪い水上バイクが目立ちます。それが不信感を生むんでしょう」

ヨット部では、技術だけではなく、礼儀やマナーの指導も厳しい。あいさつや電話の応対、先輩との上下関係なども、しっかりと教え込む。一昔前は当たり前だったごみのポイ捨ても厳禁を命じている。

「サッカー選手がグラウンドにごみを捨てたり、汚したりするでしょうか。琵琶湖は私たちにとってグラウンドのようなもの。少しでもきれいにしたい。基本的なことですが、琵琶湖を大切にするマナー、社会人としての基本を、ヨットを通じて教えていければと思います」

【平野光芳】

白鬚神社　1979年

延命長寿の神として、近江の地で古来から信仰を集めてきた白鬚神社（高島町）。対岸の沖島を背景に湖面にそびえる大鳥居は、琵琶湖でも屈指の光景だ。

この鳥居が、元の位置から沖合約一五メートルに移されたのは八一（昭和五六）年。琵琶湖総合開発で、渇水時に水位を低下調整するようになると、鳥居の基礎が水面に現れるようになった。水資源開発公団が施主になって、景観面に配慮しながら新しい鳥居を沖に造った。

写真は七九（昭和五四）年十一月に写した先代の鳥居。神域の門でさえ動かしたのが、二十世紀後半の開発の時代だった。

【宇城昇】

琵琶総の功罪総括し、ダム計画の見直しを

風景画家　ブライアン・ウイリアムズさん

「来日以来、日本の至る所で景観破壊がすさまじい勢いで進むのを、風景画家として目の当たりにしてきました」――。大津市郊外に住むブライアン・ウイリアムズさんが、日本の環境問題を語り始めると、目は愁いに満ち、熱い口調はとどまるところを知らない。

前知事がブライアンさんの自宅から数百メートル先に、世界一高い千メートルタワーを作る構想を突然打ち出したのは八九年のこと。それまで「自分の国ではないのだから」と発言を控えていたが、以来、講演会などで環境問題を積極的に

話すようになった。計画はつぶれたが、建設会社などが周辺の土地をたくさん買い込んでいたという。

米週刊誌「ニューズウイーク」（日本語版は二〇〇一年九月十二日号）が「小泉VS土建国家」という特集を掲載した。日本の公共事業の実態と小泉首相が土建国家の壁をうち破れるかに注目した記事だ。この記事を引きながらブライアンさんは二五年間に一兆九千億円をつぎ込んだ琵琶湖総合開発を鋭く告発する。

ブライアン・ウイリアムズ　大津市伊香立向在地町、1950年生まれ。ペルー生まれの米国人。カリフォルニア大で美術を専攻後、72年来日。京都などに住んだ後、84年同町の古い農家に移り、ここを拠点に国内外の田園、湖辺などの風景を水彩画や版画に描き続ける。世界湖沼会議「琵琶湖セッション」の討論会ではパネリストを務めた。

「多少良かったと思うのは下水道整備ぐらい。それだって処理場から出る水の質は余り良くない。農地改良は琵琶湖に一番ダメージを与えるやり方をしたし、河川改修もそう。琵琶総によって水質が良くなるはずだったのに、その見通しはまったくありません」

湖の周りに出来た道路と水門によって、ヨシ群落があって野性味にあふれていた琵琶湖のほとりは、ほとんど破壊された。四〇〇〇つがいほどいた県鳥のカイツブリも、今は二〇〇つがいぐらいという。多くの魚が減ったり、姿を消した。

「ブラックバスやブルーギルのせいにされるが、鳥や魚のすみかであるヨシ群落や、河口の産卵場所を奪ったことを忘れてはならない」と言い、「ボテジャコを見たかったら、平安神宮の池にいますよ」と笑う。

ブライアンさんは、琵琶総によって私たちは何を得て、何を失ったか、その功罪を厳密に総括することが大切だと力説する。その一方で「ポスト琵琶総」と、新たに九つの巨大ダムが作られようとしていることに危機感を募らせる。

「高時川の丹生ダムは渇水に備え、琵琶湖の水位を二〇センチメートル上げるだけの水をためようというもので、貯水が目的だから頻繁に水抜きは出来ない。酸欠状態になった水を湖へ流したら、一体どんなことになりますか。永源寺第二ダムは農業用水が目的というけれど、二〇〇〇年の大渇水でも下流は豊作だった。どのダムも疑問だらけ。このまま続けたら、琵琶湖は本当に駄目になってしまう」

ブライアンさんは、公共事業が自然とともに日本の経済そのものも破壊しないか懸念する。「琵琶総の結果を見つめたうえで、開発基準を根本から見直し、自然の摂理を取り入れたものにすること。未来につなげる技術開発に力を入れ、滋賀県はこれだけやっていると、全世界に胸を張れる事業に取り組んでほしい」と結ぶ。

【森岡忠光】

水生生物の引っ越し成功　絶滅寸前のホタル復活

秦荘町自然観察会代表　西澤一弘さん

「今夏は多くの人が飛び交うホタルを楽しみました。地域のみんなの協力があったからこそで、素晴らしい光景でした。ホタルの数は年々増えており、近い将来、復活の名所になります」。秦荘町斧磨《よきとぎ》の岩倉川沿いに立ち、乱舞するホタルの姿を思い浮かべるような表情で話す。

岩倉川を見続けて半世紀以上。思い入れは強く、脱サラで始めた贈答品販売の途中などに地域の川や山を回り、自然観察をするのが日課になっている。「観察活動を通じて、地域の環境が今どうなっているかを多くの人に知ってもらおう」

と提唱。九三年四月に町自然観察会を設立した。それ以来、代表として活動の先頭に立っている。

岩倉川は、秦荘町から湖東平野を通って宇曽川と合流、琵琶湖に注ぐ河川。「わしらが子供のころはホタルが乱舞していました。ところが農薬散布や河川の汚染、自然破壊などで年々減り続け、気がついたらホタルは全滅状態でした」。そんな矢先に、蛇行した約一キロの区間を直線化する改修工事が計画され、わずかにいるホタルや水生生物の生息地までもが埋まることを知り、「何とか保護しよう」と引っ越し作戦を立てて実施に踏み切った」。約七年半前のことだった。

にしざわ・かずひろ　1943年生まれ。10余年のサラリーマン生活の後、贈答品販売業で独立。登山を通じて自然や環境問題に関心を持ち、92年に県の自然観察指導員に。環境省の自然公園指導員、県自然保護監視員、県いきもの総合調査協力員などとしても幅広く活動。

一回目の引っ越し作業は地元の人や小中学生ら少人数で行ったが、二回目からは工事を請け負った土木建設会社が全面的に協力してくれた。ボランティアも合わせると五十人以上が参加して、幅三～四メートルの川底の生物探しをした。「業者が工事を中断したり、重機を提供して引っ越し作戦を後押ししてくれたから多くの水生生物が助けられた。それと地元住民の盛り上がりも大きい」と喜ぶ。

昨年三月までに計四回の引っ越し作戦を行った。保護したホタルや、ホタルのエサのカワニナのほか、各種のトンボの幼虫や魚などはすべて同じ集落の下流部に放流している。「その数はホタルだけで一〇〇匹は下らない。カワニナが一〇〇〇個以上、魚やトンボなどを合わせると数えきれない」と言う。

同川のホタルは増えており、地域の人も「この調子なら昔の光景がよみがえる日も近い」と言うほど。「県や町を動かし、河川改修ではホタルや水生生物が生息しやすい工法をとってもらった。こんなに早く、これだけの成果が出るとは正直思ってもいなかったが、うれしい誤算。これからも地道な保護、増殖活動を続け、保護したホタルなどをいかに増やすかがこれからの仕事」と張り切っている。

乱舞するホタルの姿を多くの人たちに楽しんでもらおうという思い。地域の自然環境をみんなで守り、子孫に伝えたいという願い。実現に向かって西澤さんを中心に地域の人たちの活動はこれからも地道に、しかも確実な足取りで進められる。

【松井圀夫】

自然の響き楽しんで水の循環を理解して

湖童音楽祭スタッフ　進　浩子さん

琵琶湖に暮らす私たちは、湖に育まれる童。水源である森に入り、自然の鼓動を感じながら、木製楽器「クラベス」を作る。将来を担う子どもたちと一緒に、オリジナルの物語に沿って展開する演奏会を開き、森と湖をつなぐ思いを実現する――。

世界湖沼会議に合わせて、市民団体「湖沼会議市民ネット」が主催する「湖童音楽祭」のコンセプトだ。十一月十一日の演奏会当日は、会場の新旭町・風車村に約一〇〇〇人の参加を見込む。

クラベスは、長さ約四〇センチの木の棒二本をひもでつないだ打楽器。準備スタッフの一員として、今年の初夏から朽木や栗東の里山に入り、地域の子どもたちと一緒に雑木を切り出して、製作に励んでいる。

製作には、これまでに延べ二〇〇人以上が参加した。「山に入ると、木々のざわめきがあり、季節ごとのにおいがあります。子どもたちは、五感で自然を受けとめてほしい。環境問題と言うと大きな話に思われますが、自分のサイズで環境を考える場も必要では」

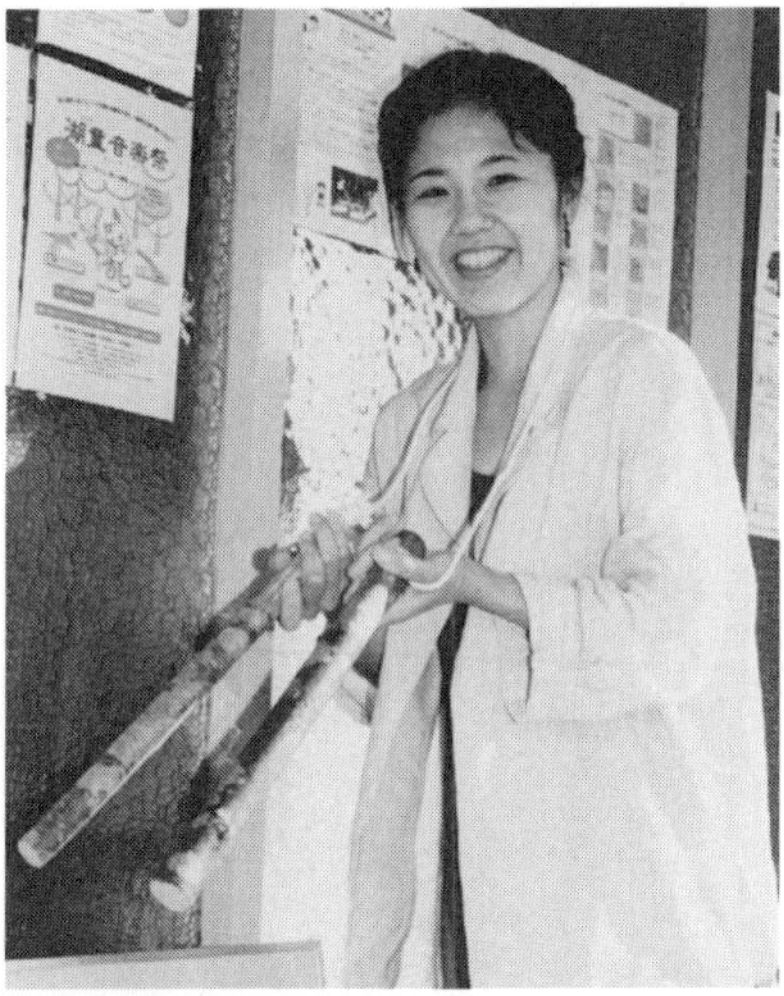

しん・ひろこ　草津市在住、30歳。湖沼会議市民ネット草津事務局スタッフ。

琵琶湖の問題を考えるには、流域単位の発想が重要。最上流にある森林は林業の衰退で荒れ、保水力を失いつつある。「森に元気を取り戻したい」。そんな思いから生まれた企画だが、一過性の催しにはしない。

音楽祭が終わると、クラベスは炭に焼く。かごに入れて河床に沈め、ろ過材として活用する。

環境問題の用語で言えば「水の循環を知る」。しかし「言葉を強調したくはない」と言う。「参加者一人一人が自然の響きを楽しみながら、『循環』の意味に気付き、理解してほしいんです」と説く。

群馬県生まれ、東京育ち。自然を意識する視線は、京都に移った高校時代、所属したワンダーフォーゲル部で培った。林道やダムの開発問題に関心を寄せ、大学では環境経済学を専攻。環境団体とのつながりは、そのころから。世界湖沼会議を機に、二〇〇〇年五月に設立された「湖沼会議市民ネット」には準備段階から参加する。

環境問題に関心を寄せる人は多い。思いを持った人をどう巻き込んでいくか。その「つなぎ役」を自認する。「求められるのは、コメンテーター（評論家）ではなく、一緒に考え、行動する人。だから〝ハシリ（走り）テーター〟と呼んでいます」

湖童音楽祭は、その仕掛けの一歩だ。

【宇城昇】

藻の大量発生 1982年

北米原産のコカナダモが琵琶湖で初めて発見されたのはちょうど四〇年前の一九六一年。後に南米原産のオオカナダモも〝侵入〟し、六〇年代半ばから大発生を繰り返した。船の航行を妨げたり、浜に打ち上げられて腐敗し悪臭を放つなどの被害が、今も続く。

八二年七月十七日朝には、湖西の新旭町からマキノ町にかけての湖岸一五キロに大量に漂着し、緑の帯をなした。写真は、浜辺で藻の回収作業に当たる地元の水泳場の人たちを写した。

外国産藻は、ネジレモやサンネンモなどの固有種が富栄養化によって減った間隙をぬって、繁殖したらしい。環境の変化が生態系に異変をもたらした顕著な例だ。県の二〇〇〇年度版環境白書は「生態系を含めて琵琶湖の水環境は予断を許さない状況が続いている」と、二十一世紀に警鐘を鳴らした。

業界の〝常識〟から見直し環境重視、地場産業の責任

旅館「びわ湖花街道」若女将　佐藤祐子さん

八年前、地元のメーカー勤務から父親が経営する老舗《しにせ》旅館「びわ湖花街道」に「転職」した時から、無駄を省くことに力を入れてきた。

営業中は照明がいつもついている、温泉は二四時間お湯が出続けている、料理も少し残るくらいの量が出る――。旅館に客が求めがちなものだ。しかし「私の職業はお客様を相手にしています。だからこそ環境問題を考えようと思いました」

二〇〇一年六月に旅館をリニューアルオープンさせた時にも、出来るだけ多く古い木材を利用した。

旅館内でも、すべての水道栓に節水弁を付けたり、予約客の管理のためにコンピューターを導入し、台帳を廃止。パンフレットもパルプ製からケナフ製へ。さらにてんぷら油の廃油を業者に回収してもらったり、従業員が使用する消耗品はなるべくリサイクル商品を活用するなど、その取り組みは徹底している。

「メーカーで秘書の仕事をしていた時に社長さんから琵琶湖の話を良く聞いていましたので、元々環境については関心がありました。それに私たちの旅館が自然に囲まれた高台にあり、毎日自然の音やにおいなどを感じ取ることができるので、やはり自然は気になります」

旅館に携わるようになって気を付けていることは「小さなところからでも始めること」。例えば、定員四人の客室に二人が宿泊する時には、浴衣や備品などを二人分だけ用意するように変えた。

「大事なのは日々の積み重ねだと思う

さとう・ゆうこ　31歳。京都府出身。雄琴温泉の若手経営者たちと協力して、観光客誘致活動にも取り組んでいる。「びわ湖花街道」は大津市雄琴1。ホームページはhttp://www.hanakaido.co.jp

んです。人手や先行投資費用がかかる場合は利益のことを考えるとマイナスなのですが、環境のことを考えるのは、琵琶湖の地元で商いをさせてもらっている地場産業の責任だと思います」と語る。

今後は、井戸水や太陽エネルギーの利用、赤外線センサーによる照明の点灯システムの導入などを検討しているという。

「環境に気を使うことが、結局は旅館の経費削減につながる。これからも従業員たちと知恵を出し合って取り組んでいきたい」

【小川信】

追いさで漁　1982年

水がぬるむ早春から初夏、アユの群れが浅瀬の藻類を食べに岸近くに群れる。鳥のウに似せた飾りをつけた「ウザオ」と呼ばれるさおで巧みに群れを集め、先に待ち構えている大型のさで網に追い込む独特の漁法が、「追いさで漁」。

アユの習性をうまく利用した伝統の漁。ウザオ使いは、偏光眼鏡をかけて群れの動きを見切り、湖面にウザオをはわせる。熟練のなせる技。

春の風物詩として知られるが、暖冬の一九八二（昭和五七）年は十二月末に早くも行われた。撮影は今津町の湖岸。

【宇城昇】

琵琶総で魚が突如消えた。先人の知恵学び浄化を

琵琶湖の漁師　松岡正富さん

「数字では言えんけど、実感として琵琶総（琵琶湖総合開発事業）が琵琶湖をメチャメチャにした。魚が突如として消えてしもたもん…」

湖北町の漁師の家に生まれた。目の前に湖が広がり、湖にそそぐ川を見て育った。福井県の県立水産高校を卒業。「レールに乗るのがイヤ」で一年半ほど日本を放浪し、漁師を継いだ。琵琶総が始まった一九七二年ごろのことだ。

それまで湖岸で暮らす人も上流に住む人も、水や肥料を無駄にせず、結果として琵琶湖を守ってきたと思う。子供のころ、川には真っ黒に見えるほど魚がいた。

「タナゴやオイカワ、ゴリ、ある時期はアユ。それがガクン、ガクン、ガクンという感じでいなくなった。魚のえさになるミジンコなんかが育つ水深一メートルまでの湖岸を、琵琶総でなぶったからや」。魚をはぐくむ場所は半面、人間が一番なぶりやすい所でもあった。

時あたかも「日本列島改造論」の真っただ中。海や川、湖の護岸をコンクリートで覆い尽くす。川は直線化され、無用と映るダムが次々にできた。国のやり方に不信感が募った。県漁業協同組合連合会青年部長や全国漁協青年部理事などを務め、行政にモノ申し続けたのも、少しでも水環境を良くしたいとのやむにやまれぬ思いからだった。

まつおか・まさとみ　湖北町尾上。48歳。朝日漁協代表監事。国土交通省の琵琶湖部会委員も務める。琵琶湖の魅力を広く伝えたいと漁船を使って今夏から「湖上タクシー」を走らせた。

漁師になって約三〇年。湖と川の変化、変遷を目の当たりにしてきた。少しでも状況を変えたいと七～八年前から菜種の廃食油を精製したバイオディーゼル燃料を漁船に使い始めた。またビワマスやニゴロブナ、メダカなどの放流に取り組んで十年になる。「自分が捕った分くらい、川や湖に返したい」

その思いとは裏腹に、琵琶湖の水辺の環境は悪化の一途をたどっているように見える。「赤潮、青潮は毎年のことだ。水草は一メートルほど伸びるだけだったが、今では三メートルも伸びる。滅茶苦茶な変化が起きている。湖が壊れる瀬戸際にあると思う。だからこそ今が大事な時だということを伝えたい」

十一月十一日に開幕する世界湖沼会議では水辺の有効利用を考える第四分科会の委員を務める。十三日に開く琵琶湖セッションでも漁業者の立場で壇上に立ち、思いを語る。

「琵琶湖は自分の庭」というほど愛着を持つ。目線も前向きで積極的だ。「ナイロン袋や発泡スチロールを規制してから、網にかかるごみは格段に減った。ひょっとすると琵琶湖を再生できるかもしれない。そのために発言しつづけたい」。若いころのように行政と対立するだけではなく、行政とともに琵琶湖を良くして行きたい、の気持ちがにじむ。

【尾賀省三】

赤潮 1984年

高度成長期に富栄養化が進行した琵琶湖では、七〇年ごろから散発的に小規模な赤潮が発生していた。初めて大規模な発生があったのは、七七年五月二十七日。北湖西岸から南湖一帯の湖面は、赤褐色に濁った。

住民挙げての「せっけん運動」が盛り上がり、水質改善を図る努力が今も続いているが、それ以降も九年連続で発生。昨年まで、赤潮が出なかったのは三年しかない。

写真は八四年五月二十二日、大津市唐崎沖の南湖で、発生した赤潮の水質測定に出動した県調査船の作業を写した。四半世紀近くたって、なお解決されない赤潮。息の長い取り組みの必要性を伝えている。

【宇城昇】

メダカがすめる環境へ、川の上流から浄化を

淡海めだかの学校・事務局
小林晶子さん

一九七五年、結婚を機に岡山県から水口町へ移り住んだ。当時、家の近くを流れる野洲川には、アユが泳いでいた。捕まえたアユを食卓に乗せたこともある。それが今、すっかり姿を消した。「あっという間に、川も入るとヌルヌルとするようになった」と言う。

中学生の時、修学旅行で琵琶湖を訪れ、その美しさに感激したことが忘れられない。滋賀に住むようになって、琵琶湖を美しくするには、琵琶湖に注ぎ込む川の上流から浄化していくことが重要だ、と意識するようになった。「流域の住民

は、琵琶湖にとってお父さんでありお母さんでもある。琵琶湖という子どものために、よいものを取り込み、育んでいくという意識が必要なのではないでしょうか」と話す。

以前、天然の素材を使い、自然界で分解される洗剤の使用を広めようと、甲賀郡内を販売して歩いた。歯科助手の仕事を一年休止して取り組んだが、「押し売りと思われたりしました」と苦笑する。

こばやし・あきこ　水口町在住、1950年生まれ。岡山県建部町出身。歯科助手パート。甲賀郡内の流域環境を考える「鹿深の里　甲賀流域環境保全協議会」副会長。

二〇〇〇年四月、知人らと、琵琶湖を美しくすることを最終目的にした「淡海めだかの学校」を設立。「琵琶湖の浄化は、川の上流からやっていかないと」という思いが基本にある。

嫁いで来た時、近くの川で見たアユはもちろん、メダカも既に姿を消した。〃メダカがすめる川〃を指標に、メダカのいる川の水質調査をしようと、甲賀郡内の川を調べたが、見つからなかった。「メダカくらいすめる環境でないと、人間も危ういのでは」と危機感を募らせる。

「淡海めだかの学校」では、おからや、コーヒーがらを肥料として再利用する研究などに取り組んできた。当初三人から始まった活動は、参加者や協力者を含め延べ約四〇人に。「それぞれの地域でのチームワーク作りが重要。皆さんの活動をサポートしていくことができれば」と話す。

【岡村恵子】

ヨシ原 1984年

二兆円が投じられた琵琶湖総合開発事業(七二～九七年)で湖岸の様相は一変したが、ヨシ原の消滅はその象徴と言える。五三年調査で約二六〇ヘクタールあったのが九二年には約一三〇ヘクタールに半減した。写真は開発が進む八四年、草津市の湖岸で撮影された。

失われて、初めてその価値に気付く。ヨシ群落は水質浄化機能を持ち、湖魚や野鳥のすみかでもあった。ヨシ原の減少は、湖辺の生態系に大きな影響を及ぼした。それよりも、直線化された護岸を見て人々が感じるのは、水辺の原風景を失った寂しさではないか。

県は九二年、全国で唯一のヨシ群落保全条例を制定。ヨシの植栽事業を進めているが、失われた自然を回復する事業は容易ではない。

【宇城昇】

緑豊かな草津川と貴重な堤防残したい

「くさつ・自然環境を考える会」代表
松本　登美子さん

「一度失ったたものは戻らない。一部の人の利益だけを考えて長い歴史を持つ自然の文化財をつぶしてはいけない」。水の干上がった川面と、川面より低い土地に広がる家々を見渡しながら、ため息まじりに話す。

草津市中心部を東西に貫く「天井川」の草津川。田上山を源流に琵琶湖へ注ぐ全長約一五キロの一級河川。傾斜がきつく、上流から大量の土砂が流れる地形のため、度々洪水を起こしてきた。流れてくる土砂は川底を上げる。洪水から集落を守るため、人々は川底の上昇に合わせて堤防をさらに高く積み上げ、長い時間をかけて「天井川」を形作ってきた。川底は堤防下の平地より平均で五～六メートル高くなっている。

二〇〇二年六月に放水路「新草津川」が完成すると、現在の草津川は廃川となる。松本さんは、人々の営みを今に伝える「天井川」を「人々の生活が息づく貴重な文化財」と位置付け、廃川後の堤防の保存を訴え続ける。

草津川の下流約七メートルの跡地約五二ヘクタールは県有地となり、県や草津、栗東市は一部の保存区間を除き、堤防を除去したうえで、四車線道路の建設を構想している。

自宅を出て三分も歩けば眼前にそびえる堤防に着く。「見知らぬ人々があいさつし合える貴重な出会いの空間」と、市民の生活の中にある草津川の価値を表現する。

男女共同参画事業を学習する女性グル

まつもと・とみこ　横浜市出身。結婚を機に関西に移り住み、13年前から草津市在住。57歳。97年から女性5人で作る市民団体「くさつ・自然環境を考える会」代表として、草津川の保存運動を始めた。

ープのメンバーだったが、川の跡地利用計画を知ったのは九七年。「行政側は既に道路以外の選択肢を用意していなかった」と振り返る。「憩いの場である草津川がなくなる」と危機感を募らせ、市内の主婦数人と市民グループ「くさつ・自然環境を考える会」を結成。堤防の保存を訴える行動を始めた。九八年七月の知事選では各候補に公開質問状を送り、回答を求めた。同年十月には約二万二〇〇〇人の署名を集め、災害避難公園などとして堤防の保存を求める要望書を国松善次知事と古川研二草津市長に提出した。主婦たちが知恵を出し合い、一つ一つ手作りで訴え続けた。

「この問題にかかわってから、環境や市民運動などさまざまな社会問題を身近に考えられるようになった」と話す。

「くさつ・自然環境を考える会」など、四車線道路化に反対する市民グループは二〇〇一年十月六日、市民全体で跡地利用を考えるため「天井川（草津川）フォーラム」を開いた。予想を超える約七〇人が集まった。直接意見を聞いてもらおうと県や市の職員も招いた。「文化財としての保存が必要」「一〇〇年先の草津を考えて緑豊かな草津川を残すべき」。参加者からは堤防の保存を訴える意見が相次いだ。

「琵琶湖や自然を愛していると外向けには県や市も言う。しかし現実には人々の本当の意見を聞かずに『リトル東京』を作ろうとしているだけ。せめて一メートルでも一〇センチでも長く、貴重な堤防を残したい」

【日野行介】

「水鳥の目線で」見た風景、素晴らしさを多くの人に

「カヌーでめぐる湖」を出版した

岡田明彦さん

趣味のカヌーで、琵琶湖など全国十湖を一周した経験を著書「カヌーでめぐる湖」（文芸社、一二〇〇円）にまとめて出版した。一周二四一キロの琵琶湖を皮切りに約五年間、それぞれの湖面から見える風景をカメラで撮影しながら進んだ活動の記録だ。「ゆったりと流れる時間が心を豊かにしてくれた。カヌーは自然の中に飛び込んでいける最高の道具だと思いました」と振り返る。

県立安曇川高校長だった九四年秋、マキノ町で開かれた試乗会で初めてカヌーに乗った。「これなら自分にも出来るかも」。翌年カヌーを購入した。子どものこ

ろ、魚を取ったり、友達と一緒に素潜りをした琵琶湖。日々のストレスをいやしたいとの気持ちも働き、「水鳥の目線で見たい」との思いが募ったのだ。

初めてのツーリングは同年八月、守山市の赤野井湾から。約二時間、汗を流しながらカヌーを組み立て、やがて出発。ほおをなでるそう快な風、間近に群生するハス。湖面の風景は地上で見るそれとは異なる様相を呈していた。「ある町を知るには、その町を歩かなくては分からない。同様に琵琶湖にも湖上から見ないと分からないことがあるのです」

仕事の合間を縫ってツーリングを重ねた。一回ごとに進む距離は約四キロ。カメラで気になった風景を撮影しながら少しずつ進んだ。一周を達成したのは三年後の九八年十月。本は、そうしたスナップ写真を盛り込みながら、時々に感じた思いや印象に残った風景などを湖ごとに記している。

おかだ・あきひこ　1936年生まれ、守山市在住。理科教諭として38年間、県内の小、中、高校の教壇に立つ。安曇川高、野洲高の校長などを歴任。カヌー体験を通して児童・生徒のリーダーを養成する「カヤッククラブEDDY」会長も務める。

もちろん、風景を堪能するだけのツーリングではなかった。白鬚神社（高島町）近くの国道161号沿いを通った時のこと。コンクリート橋の下に、山から流れ込む河口を見つけた。湖面と河口の間に消波ブロックがあり、カヌーの上からそれを見て「それが障害になって魚たちがそ上できなくなる」と案じた。「安曇川高校に勤務している時、毎日そこを通りながら、付近の景色の素晴らしさだけに目を奪われ、少しも気付かなかったのです」

カヌーは環境問題を考える際にも有効な方法だと感じている。「琵琶湖の素晴らしさを多くの人たちに体験してもらいたい。それを繰り返すことで、環境を大切にしようという気持ちが多くの人に芽生えてくると思うのです」

【河出伸】

第1回世界湖沼会議　1984年

第一回世界湖沼会議は八四（昭和五九）年八月二十七～三十一日、二九カ国約二二〇〇人が参加して、大津市で開かれた。写真は最終日の分科会報告。引き続き採択された「琵琶湖宣言」は、「湖沼は文明の症状を写す鏡である」と総括し、市民、行政、研究者の国際的な連携を求めた。当初は一回限りの開催だったが、国連環境計画（ＵＮＥＰ）の支援などもあり継続開催が決まった。

今回は一七年ぶりの里帰り会議。原点を振り返りつつ、二十一世紀の湖沼保全のあるべき姿を話し合う場でもあった。

【宇城昇】

膜分離技術で水質高め、飲料水とし提供したい

水処理膜を研究する東レ常務理事
栗原　優さん

「無の状態から化学反応によって新しい素材を生み出すのが面白そうだった」と、大学では工学部応用化学科で合成染料の色を作り出す高分子の研究をした。東レに就職して、七〇年に米アイオワ大に二年間研究留学した時、逆浸透膜に出合った。「当時、米政府が研究資金を出し、産学共同で研究をしている新分野で、何かひかれるものがあった」と話す。

「真ん中を膜で仕切った水槽に同じ量の海水と淡水を入れ、海水の方に一定圧力をかけると、海水が膜を通過して淡水のほうに移動する現象が起きる。この時

に使う特殊に加工した膜が逆浸透膜」という。逆浸透膜の穴は約二〇〇万分の一ミリで、電子顕微鏡でも見ることができないほど小さい。穴を海水中の淡水分だけが通り、塩分は通過できないため、海水の淡水化が可能となる。
「分子の中で一番小さな水分子と塩の分子を分離するのが、この研究の難しいところ。だが、学生時代の研究と共通する部分が多かったので、無理なく取り組めた」

くりはら・まさる 大津市在住、61歳。工学博士。63年東レ入社、常務理事として、水処理事業部門や研究本部を担当。海水淡水化システムの開発で昨年、94年以来２度目の日本化学工学会技術賞を受賞した。

この技術を応用して、九七年、沖縄県北谷町に国内最大の造水工場が完成。海水から一日約四万トン、約一六万人分の水を供給している。また同社では、海水一〇〇に対し淡水四〇を回収していた割合を、世界で初めて六〇に高めることに成功し、来年には、トリニダードトバゴで一日一三万六〇〇〇トン、約五二万人分の水を供給する施設を稼働させる予定だ。「水に困った地域の生活を豊かにすることができるのが、この研究のやりがい」と語る。

しかし苦労も多い。「研究が『たこつぼ』にはまり、世間を見渡せなくなるのが怖い。良かれと思って研究した素材が世の中に出てみると、他社の製品と比べ劣っていることもある。次に新しい素材の開発に乗り出すタイミングを逸しないようにしなければいけない。また、企業の研究なのでコストパフォーマンスを上げなければいけないのが大変」と話す。

逆浸透膜の技術は日本三社と米三社の計六社でしのぎを削るが、環境問題へ取り組みも避けては通れない。二〇〇一年十一月の世界湖沼会議では、日本の膜メーカー関連五社などによる膜技術を紹介、企業同士が協力して水環境保全に対する貢献や意見交換を行うフォーラムも企画した。

「日本の企業に期待されている役割は大きい。今後は海水淡水化だけではなく、膜による下水処理や上水処理などの水処理の技術開発が課題」と話し、「膜で琵琶湖の水質を高め、琵琶湖の水を飲料水として提供するといった、膜分離技術による循環型水利用システムを確立させ、環境に役立つのがこれからの夢」と熱く語った。

【奥山智己】

湖沼会議は出会いの機会、パートナーシップまだ過渡期

知事　国松善次さん

一七年ぶりに琵琶湖で開催された「第九回世界湖沼会議」から一カ月。会議で得た知見を琵琶湖保全の政策にどう生かすか。二十一世紀の県政に課せられたテーマだ。

今回の会議は七五カ国・地域から約三六〇〇人が参加した、かつてない規模。学者や行政、ＮＧＯ（非政府組織）、企業、芸術家など、分野の広がりだけではない。「学生や子どもなど世代の幅も広がった」ことを成果の一つに数える。

さらに「大会宣言の『琵琶湖宣言２００１』をまとめる過程に見られるように、

議論が非常にオープンに進められたのも誇るべき」と語る。

しかし、反省面にも目を向けなければならない。宣言採択をめぐっては会場とのやり取りを重視した結果、未定稿のまま時間切れ。具体的な行動計画を示すに至らなかった宣言に、NGOを中心に「今回の会議は一緒の席に着いただけ」と不満も強い。

「確かに宣言採択にはもっと時間を取れば良かった。行動に向けた具体的な約束を期待した人からすれば、不十分な点も多々あるだろう」と認め、「その不満を起点にしてほしい」と言う。

「メーンテーマの『パートナーシップを築く』ことで言えば、湖沼会議は出会いの機会。そこから行動に向けた必要な関係を築けば良いのでは」

会議のテーマにも掲げられた「パートナーシップ」。行政機関の実践が求めら

くにまつ・よしつぐ　1938年生まれ。大阪府職員を経て76年、滋賀県職員に。総務部長などを歴任、98年７月に知事に初当選。

れる。例えば水上バイク問題。騒音や水質への影響を指摘する住民団体は「迅速な対応を」と幾度も県に要望したが、住民団体との共同調査に応じたのは先月。議論を重ねるうちにシーズンは終わった。

住民発のメッセージを受けとめる構えが出来ているかについて、「パートナーシップを改めて言わないといけない今は過渡期」と認める。県は昨年から、NPO（非営利団体）活動に職員が参加する研修を始めた。職員の意識改革が急がれる。

地域を結ぶパートナーシップも重要だ。宣言に「統合的流域管理」が盛り込まれたのを受けて、「流域単位の保全を柱とする琵琶湖総合保全のマザーレイク21計画の正しさは確認できた」と胸を張る。

琵琶湖が抱える問題の多くは、京阪神の利水・治水が目的の琵琶湖総合開発事業（七二～九七年）が根源。問題意識を下流域と共有せずに、環境再生の道は開けない。「総合開発のころは下流との一体感があったが、保全になるとなくなった」と苦笑する。〇三年三月には水資源問題の国際会議「第三回世界水フォーラム」が滋賀、京都、大阪である。琵琶湖・淀川流域全体で水環境問題を考える好機だ。

「依然として世界各地の湖沼は危機的な状況に置かれている」。湖沼会議のあいさつで自ら述べた通り、琵琶湖宣言２００１の実行が、県政への評価を決める。【宇城昇】

世界湖沼会議からのメッセージ

第九回世界湖沼会議は、滋賀県と財団法人・国際湖沼環境委員会（ＩＬＥＣ）が共催し、二〇〇一年十一月十一～十六日の六日間の日程で、大津市のびわ湖ホールと大津プリンスホテルを主会場に開催された。

七十五の国と地域からあった参加登録者は、実人数で三千六百十七人、述べ人数では七千八百二十九人。また、県内六カ所に設けられたサテライト会場や、市民団体などが関連行事として企画した自由会議まで含めると、述べ参加者は二万二千七百七十二人。

発表件数は口頭百九十三人、ポスター四百二十六人。別に自主企画のワークショップも持たれ、関連行事として市民団体や研究者が独自に五十一の自由会議を開いた。過去最大規模の会議となった。

会議で掲げられたメーンテーマは、「湖沼をめぐる命といとなみへのパートナーシップ」であった。

このテーマのもとで、住民、ＮＧＯ（非政府組織）、研究者、行政、企業、芸術家、政治家、ジャーナリスト、学生…さまざまな立場の人が、全体会議、分科会、自由会議の舞台で、議論を深めた。

水質保全の技術的な対応や、国際間の協力関係の推進といった各論の分野では、さまざまな対策が提案された。しかし、会議全体を支配した空気は、もっと普遍的なものだった。

最終日に採択された「琵琶湖宣言2001」には、新しく提起された課題として「湖沼保全と生活文化のかかわり」が盛り込まれた。「自然との共生」は環境保全の原点ではあるが、そのためには人間の暮らしの様式が全てにかかわっていることを、深く認識したものだ。

単なる懐古趣味で、水と付き合ってきた過去の知恵を学ぶという意味と思わない。湖沼を利水・治水目的の「水がめ」ととらえる二〇世紀の発想と決別すべき、というメッセージを読み取りたい。

湖沼会議開催の経緯を改めてたどりながら、琵琶湖から世界に発信されたメッセージと、琵琶湖を守るために私たちがなすべきことを、確認してみたい。

里帰り会議

今回の世界湖沼会議を意義付けるキーワードの一つが、「里帰り会議」だ。

第一回世界湖沼会議が滋賀県大津市で開かれたのは、一九八四（昭和五九）年八月。滋賀県が呼び掛けた国際会議に、海外二十八カ国、国内を含め二千二百人が参加した。

七十年代に急速に悪化した琵琶湖の水質を改善しようと、有リン合成洗剤の使用・販売を禁止する琵琶湖富栄養化防止条例が制定されたのは八〇年。消費者運動の盛り上がりで住民意識も高揚していたころだ
住民、行政、研究者みんなが寄り合って、解決策を考えようという湖沼会議の基本精神は、このとき以来のものだ。

しかし、八六年に米国で開催された第二回会議

以降、次第に学会色を強めていく。九九年にデンマークであった第八回会議には、滋賀県から住民団体メンバーら十二人の代表団が派遣されたが、「NGOの参加が少なく、交流ができなかった」という不満が会議後に聞かれた。

琵琶湖で二回目の湖沼会議を開催するに当たり、「さまざまな立場の人の参加」が強く意識された。十七年前の原点に立ち返ろうというものだ。

会議の構成は、専門分野別に固まるのではなく、全体会合、分科会ともにあらゆる分野の人が入る形を取った。実際、学者とNGO代表、漁業者が、並んで登場する場面も見られた。

事前の準備段階でも、その精神は反映された。二〇〇〇年六月に発足した企画委員会にも、市民団体のメンバーが要職に起用された。

専門性の高い発表内容を求めた人からは、不満も聞かれたという。しかし、会議の企画委員長を務めた川那部浩哉・滋賀県立琵琶湖博物館長は「学会と同じ形をやってもおもしろくない。湖沼会議ならではのやり方をしたい」と一貫して語った。

「里帰り会議」には、所期の精神を再確認する以外にも大きな意義があった。

前回の会議は、七二（昭和四七）年から四半世紀続いた「琵琶湖総合開発事業（琵琶総）」の真っ最中に開かれた。近畿千四百万人の水源として、琵琶湖を利用しやすく水位調整する改造工事が全域で行われ、農地改良や都市化によって周辺の水環境は激変した。

琵琶総は、治水・利水面で大きな貢献があったのは確かだが、環境破壊を招いたのは事実だ。その解決に行政や住民は試行錯誤を繰り返している。滋賀県は二〇〇〇年四月、五十年後に昭和三〇年代の水質を取り戻そうという「琵琶湖総合保全計画（マザーレイク21計画）」を始めたが、失われた環境の再生は容易な作業ではない。

湖沼会議は、琵琶湖を例に、二十世紀の開発の功罪を検証する機会でもあった。そのため、学術的な面のみならず、文化的な側面も含めて多角的に琵琶湖の現状を論じ合い、今後の湖沼保全の方向性を探る「琵琶湖セッション」が、全体会議として企画された。

新しい課題

十七年間に新たに起こった進行中の課題も取り上げられることになった。湖上レジャーをめぐる問題は、その象徴だ。

一つは、ブラックバス釣りをめぐる問題。外来魚種の激増による漁業被害や、釣り客のマナーをめぐるトラブルは、戸田直弘さんや長谷川広海さん、高田昌彦さんの項などで詳しく述べられてい

利用者のマナー悪化に業を煮やし、航行禁止の看板を立てる自治体も（能登川町で）

るので、ここでは繰り返さないが、琵琶湖に限らず全国の湖沼に共通する課題である。

二〇〇一年のレジャーシーズンに、釣り以上に琵琶湖でクローズアップされたのが、水上バイクをめぐる問題だった。

本書でも「Ｇｒｅｅｎ Ｗａｖｅ」代表の井上哲也さんが、騒音問題や湖岸の植生破壊の実情を〝告発〟しているが、より深刻な水質汚染の問題が指摘され始めた。

水中に排出される排ガスに発がん性物質が含まれていることを、井上さんら市民グループが独自調査で明らかにしたのだ。滋賀県も「健康には直ちに影響しないレベル」としながらも、ほぼ同じ結果を確認した。

住民の突き上げをきっかけに、レジャー規制の強化に向けた動きが起きた。滋賀県は有識者や業界団体、公募の県民で「琵琶湖適正利用懇話会」を立ち上げ、新ルール策定の作業に着手した。

釣りの愛好者や水上バイクのレジャー客は、普段は一住民に過ぎない。しかし、自然への畏怖を忘れて節度を失ったとき、水に親しんでいるようでいて、環境を破壊する加害者になっている。

二十世紀的な価値観によって生じたレジャーの問題は、新世紀の冒頭に取り上げるにふさわしいテーマだった。

琵琶湖セッション

先に述べたように、これまでの琵琶湖での取り組みを検証しつつ、将来の道筋を探る目的で、全体会合の「琵琶湖セッション」が持たれた。

二日間に及んだセッションは冒頭、気候変動の琵琶湖への影響という地球規模の課題が報告された。滋賀県琵琶湖研究所の中村正久所長ほか研究員二人は、近年深層水温の上昇が観測され、降雪量の減少が雪解け水の流入減と湖水の酸素濃度の低下を招き、湖底の生物相に変動が見られると指摘した。

科学的な解説に加えて、精神文化の面から人と琵琶湖の関係に焦点を当てる試みもあった。「琵琶湖へのラブレター」は、全国から応募のあった二千五百通以上のはがきから選んだ十二通を基に、「琵琶湖に抱く人々の思い」を浮き彫りにした企画だった。

セッション二日目の討論会は、写真家の今森光彦さんや画家のブライアン・ウィリアムズさん、歌手の加藤登紀子さん、比叡山長寿院の住職、酒井雄哉さんら多彩な顔ぶれの九人のパネリストを招いた。

各パネリストから開発行政への厳しい批判が相次ぐ中、国土交通省琵琶湖工事事務所長の児玉好史さんは「行政の私たちも変わろうとしている。口だけで言っているととられたくない」と口調を強めた。

滋賀県琵琶湖環境部管理監の伊藤潔さんは、守山市の湖岸で育った子ども時代、バケツ一杯に魚が捕れた原風景を語りながら、「私は四、五十年前に帰ることはないのですが、琵琶湖はぜひ戻したい」と決意を述べた。

現在の社会システムは、環境への配慮が十分なものでないのは確かだ。その問題ある制度を支えているのが行政であり、ぜひ変わってもらわなければならない。組織人の発言には限界があるが、琵琶湖に暮らす一住民としての肉声が伝わってきたのは収穫ではなかったか。

漁師の参加

琵琶湖の漁業者の参加が目立った会議だった。それは「生活者の視点」を会議に色濃く反映させることに貢献したように思う。例えば、生態系の観点から取り上げられがちな外来魚の問題は、人間の生活文化の危機という視点から語られた。

「琵琶湖と青年漁師からの警鐘」という題で分科会で発表したのは、連載にも登場していただいた戸田直弘さんと、大津漁協の鵜飼広之さん。戸田さんの言葉は、琵琶湖の漁師がいま置かれている立場を凝縮していた。

「ぼくらは、ただ魚を捕って人々に提供するだけの漁師でいたかった。それが、こんな慣れない壇上でしゃべっている現状を察してほしい」

外来魚種の増加による被害を訴えた後、会場にいた研究者から「外来魚は数をコントロールすることで共存できるのではないか」と質問されて、答えたものだ。

網を揚げても揚げてもブルーギルやブラックバスばかり。鵜飼さんは「食べる魚を捕るわけでない漁に、夢が持てますか。後継者もいない」と嘆く。

昔から湖に生きてきた漁師は、湖に生かされている存在でもあった。自然循環の中で人間が生きる関係がいま、失われようとしているのだ。生態学という限られた範疇に収めて済むテーマでは、断じてない。

湖を日々、最も近いところから見ている漁師の

食べる魚を捕るわけでない駆除漁に漁師の表情はさえない（大津市下阪本沖で）

人たち。それゆえ、焦燥感は人一倍強い。湖沼保全を考え、行動するためには、その言葉にもっと耳を傾ける必要があると認識させられた。

「水の生活文化」の継承

失われ行く「水の生活文化」を継承する作業のさまざまな試みが提示されたことも注目を集めた。

小坂育子さんが事務局長を務める「水と文化研究会」の活動は、連載でも紹介した。琵琶湖岸の約六百集落を訪ね歩いた聞き取り調査から分かった生活の知恵を発表した。

分科会で会員で志賀町栗原地区の徳岡治男さんが紹介したのは、渇水期に上流の集落が下流に水を分ける「末期の水」など伝統的な水利用。一本の川でつながる人の絆から、先人の教えを守る大切さを説いた。

写真や絵画、音楽、狂言、寸劇など、多彩な表現手法も用いられた。

ＩＬＥＣと滋賀県立琵琶湖博物館は、会期中に共同プロジェクトとして、琵琶湖・淀川、スイスとフランス国境のレマン湖、米国のメンドータ湖、アフリカ南東部のマラウイ湖、フランスのセーヌ川の五カ所を選び、五十年から百年前の写真と今の風景を同じアングルで比較する写真展を開催した。展示会場となった大津市内の百貨店には、連日大勢の人が足を運んだという。

マラウイ湖を除く先進各国で撮影された写真は、水辺と呼べる空間が人工的な護岸に変わり、陸と水が分断された変遷を伝えていた。プロジェクトの責任者、京都精華大教授の嘉田由紀子さんは「先進国の水の思想を途上国に広げていいのか。過去を見て将来を考えてほしかった」と訴える。

話題を集めたのが、歌手の加藤登紀子さんが作詞作曲した新しい琵琶湖の歌「生きている琵琶湖」のお披露目コンサート。

琵琶湖を代表する歌といえば、加藤さんの持ち歌でもある旧制三高寮歌「琵琶湖周航の歌」が有名だ。しかし、若い世代にはなじみが薄くなってきた。

「かけがえのない琵琶湖の価値を再発見し、次の世代に歌い継げる歌を」――。そう願った地元の人々が加藤さんに要請した。沖島を訪ねたり、一年近い共同作業で完成させた。会期中に小学生の合唱団によって、初めて歌われた。

ホタルや鳥や魚が登場する歌詞は、子どもの素朴な目線で語られる。強烈な印象ではないが、歌うたびに琵琶湖との絆を確認できる心に染み入るメッセージソングが生まれた。

環境NGO

十七年前の前回会議では、その言葉すら聞かれなかった環境NGOは、今会議で主要な役割を果たした。

吉野川（徳島）や川辺川（熊本）、中海（島根・鳥取）、藤前干潟（愛知）、三番瀬（千葉）といった、国内の水環境問題の現場で活動する団体が参加したことは、会議の注目度を高めた。地元・琵琶湖の団体が、日ごろの活動成果を発表しあい、交流を深める契機にもなった。

全体会議や分科会での発表だけでなく、独自企画のイベントやシンポジウムを精力的に開いたことも特筆できる。五十一の自由会議の大半は、NGOが主催した。川那部企画委員長は「湖沼会議全体に非常に大きなサポートを得ることが出来た」と語る。

さまざまな立場の参加者が議論する本会議に対し、ＮＧＯだけのセッションも開かれた。湖沼会議市民ネットが主催した「ＮＧＯワークショップ～私たちが拓く水の世紀」には、湖沼会議に登録した主要な国内外のＮＧＯ二十五団体が参加して、計三日間開催された。公共事業の功罪の検証や住民運動の在り方などを議論し、会期中に独自の「ＮＧＯ水宣言」を発表した。

同ネット事務局次長の井手慎司・滋賀県立大助教授は「ＮＧＯだけで意見を戦わせ、二十一世紀に果たす役割を提案する意義があった」と語る。

守山市を会場に開かれた「守山セッション」は、地元の豊穣の郷赤野井湾流域協議会を中心とした実行委員会が主催した。自治会や市内の小学校を巻き込んだ地域色の強い企画ながら、アジアを中心とする海外十六カ国からも参加があった。

流域協議会の役員でもある滋賀県環境生活協同組合理事長の藤井絢子さんが、「琵琶湖の経験を途上国で繰り返してはならない」と、アジア諸国の市民との連携を意識した活動を続けていたのが実を結んだ。協議会理事の長尾是史さんは「地元にとっては、地道な取り組みを世界に発信できた自信は大きい」と誇る。国際交流と、地域を見つめ直す両方の成果があった。

会議の準備段階からの積極的なかかわりについても触れておきたい。

事前の準備作業の中心となった企画委員会には、ＮＧＯメンバーも名を連ねた。藤井さんとともに委員に入った「びわ湖自然環境ネットワーク」の代表、寺川庄蔵さんは「行政に厳しい意見の自分に話が来たので驚いた」と振り返る。藤井さんは、「琵琶湖宣言２００１」の起草部会委員も務め、ＮＧＯの主張を反映させるのに尽力した。

二〇〇〇年五月に結成された「湖沼会議市民ネ

ット」は、文字通り、湖沼会議に向けたプロジェクトだった。同年十一月には湖沼保全NGOの国際共同プロジェクト「リビングレイクス」の会議を近江八幡市に招くなど、住民側の意識を盛り上げるのに努めた。

一方で、現状のNGOの力量不足を露呈したことも指摘しておく。

琵琶湖宣言2001にも、NGOの「水世紀宣言」にも、具体的な共通の行動計画を盛り込むに至らなかった。NGOのせいばかりではないが、行動により重きを置くゆえに物足りなさを覚える。あるNGO代表は「議論は深まったが、新しいものを創造するには至らなかった」と不満を漏らした。

世代の連携も意識

その他、特徴的な出来事を記したい。

立場を超えたパートナーシップが横の連携なら、世代をつなぐ縦の連携を探る取り組みもあった。

期間中に開かれた「子ども湖沼会議」には、デンマーク、タイ、中国、アルゼンチンの四カ国八人と、日本からの六人の計十四人の中学生が、それぞれの活動について発表した。将来を担う子どもたちに、環境意識を高めてもらおうと初めて企画された。

十七カ国の学生二十一人が参加した「世界湖沼会議学生セッション」が、滋賀県立大を中心としたグループの呼び掛けで開かれた。湖沼問題について意見交換する組織「学生湖沼環境委員会（SILEC）」の設立にこぎつけた。研究者の卵が、早くから国境を越えたつながりを持とうという狙いだ。

二〇〇三年三月に京都、大阪、滋賀の三府県を会場に開催される国際会合「第三回世界水フォー

企画委員会にはＮＧＯ代表も入って盛んな意見交換があった

ラム」を意識した動きもあった。

同フォーラムを主催する世界水会議のウィリアム・コスグローブ副会長（カナダ）が、本会議などに参加した。毎日新聞のインタビューに応じ、「官民協調で水問題の解決に当たる当初目的に近付いている」と称えた。

市民団体代表などを招いて水フォーラムの意義を語るセッション企画も開かれ、事前のＰＲに力を入れた。

二十一世紀の湖面が映すもの

「湖沼は文明の症状を映す鏡である」。

一九八四年の第一回会議で採択された「琵琶湖宣言」に盛り込まれたこの総括の言葉は、人と自然の関係を表現した名言である。よどんだ水面は、病んだ人間社会の投影なのだ。

さまざまな努力がなされた十七年間を検証し、

六日間の議論の末にまとめあげられた「琵琶湖宣言二〇〇一」だが、「湖沼の多くの環境は依然として悪化し続け、湖と人間の調和した共存関係は崩壊しつつある」という残念な認識を示さざるを得なかった。琵琶湖の、世界の現状を直視すれば、率直な反省の弁であろう。

しかし、冒頭で既に紹介したように、「生活文化」を重視する姿勢を確認した意義の大きさを感じる。このくだりは、宣言採択の討議の最終段階で盛り込まれたものだが、全てのテーマはそこに帰結するからだ。

自然環境との調和は、不便な暮らしへの後退ではない。良好な関係を再生する未来志向を意味するものだ。

二十一世紀の琵琶湖が映すものは、少しでも快方に向かう私たちの社会の姿でありたい。世紀の冒頭に開催された湖沼会議は、行動に向けた決意の場だったといつか思いたい。

連載を終えて

四四人の言葉で紡いだ「いのちの水」への思い

「いのちの水」を次の世代に伝えたい——。「新びわこ宣言」の連載を始めるに当たってこう記し、一年間で四四人の言葉を紡いできた。共通するのは、自然の水循環に調和した暮らしの文化を取り戻すことが、琵琶湖の再生につながるという思いだ。

私たちは環境問題を大げさに考えがちだが、身近な自然にまなざしを向けたとき、失ったものの大きさに気付く。「子どものころ乱舞していたホタルが年々減り、気がついたら全滅状態だった」（秦荘町自然観察会・西沢一弘さん）というように。

自然と人が調和して生きていた時代には、環境の異変は肌で感じられた。しかし「生きた水が循環していると考える精神文化が衰退し、次の世代に伝えられなくなった」（蒲生野考現倶楽部・井阪尚司さん）。便利な生活と引き換えに、自然とのつながりを失ったのが二〇世紀だった。

水の生活文化の再生に即効薬はない。「一〇〇年先を夢見て、私たちの時代に出来ることを手がけている」（湖北の山にブナを植える会・堀江諭さん）ように、未来世代を思う活動は地道なものだ。その思いを時代を超えて引き継げるか。

既に美しい琵琶湖を知らない世代が、社会の中核を担うようになっている。「だからこそ今が大事な時。湖が壊れる瀬戸際にあると思う」（漁師・松岡正富さん）。この警鐘を胸に刻みたい。

宇城　昇

新びわこ宣言

淡海《おうみ》文庫23

2002年 4 月10日　初版 1 刷発行

企　画／淡海文化を育てる会
編　集／毎日新聞社大津支局
滋賀県大津市打出浜3-16
☎077-524-6655　〒520-0806

発行者／岩　根　順　子
発行所／サンライズ出版
滋賀県彦根市鳥居本町655-1
☎0749-22-0627　〒522-0004

印　刷／サンライズ印刷株式会社

ISBN4-88325-130-6 C0036

Mother
Lake
母なる湖《マザーレイク》・琵琶湖。
——あずかっているのは、滋賀県です。
400万年という時間の中で、多くの生命と人間の暮らしを育んできた琵琶湖。
このかけがえのない日本の財産を、豊かな質で次の世代へ引き継ぎたい。
そして、人と自然の新しい関係を築いてゆきたい。
私たち滋賀県の願いです。
滋賀県

1998年　琵琶湖にそそぐ川

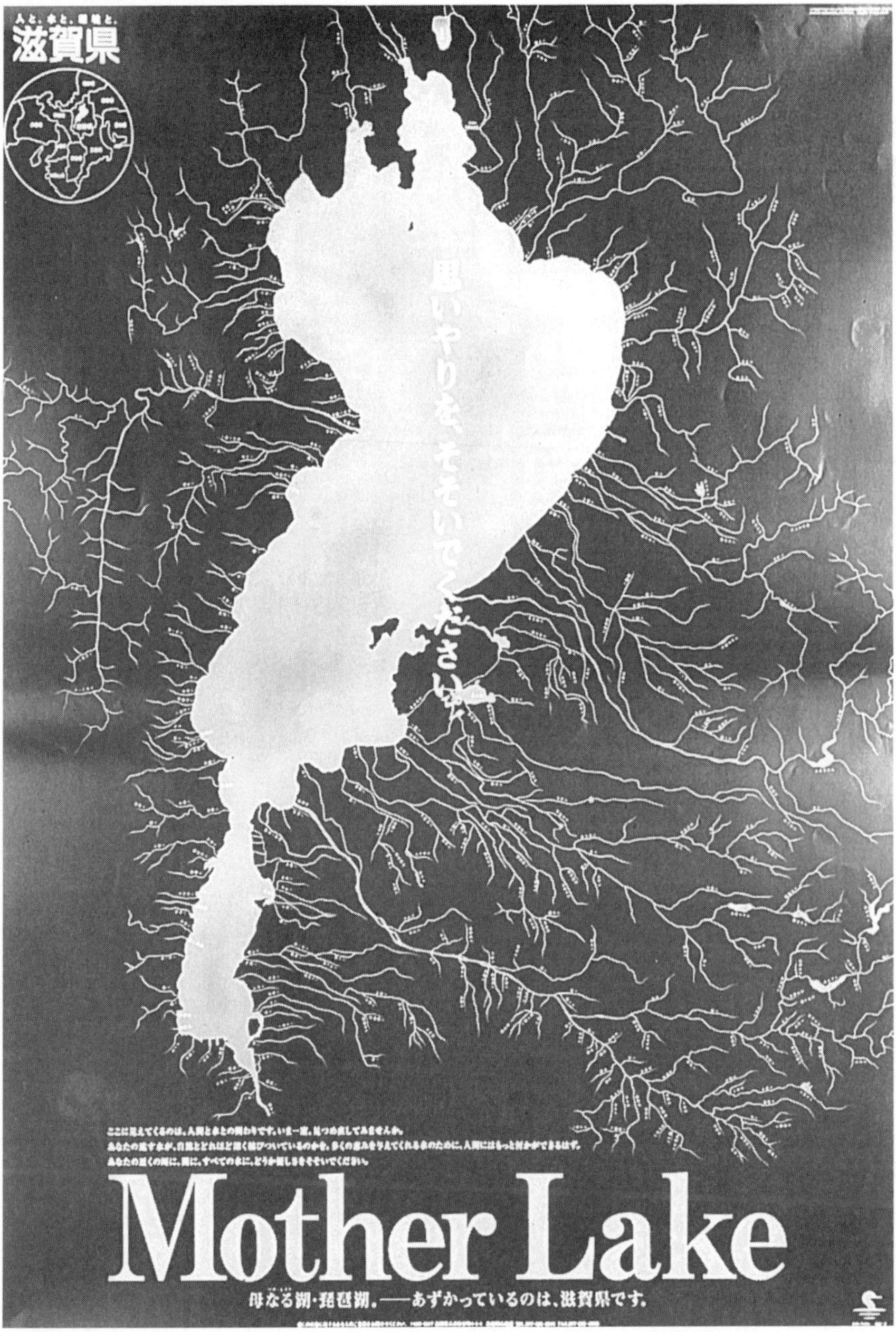

1999年　世界の湖

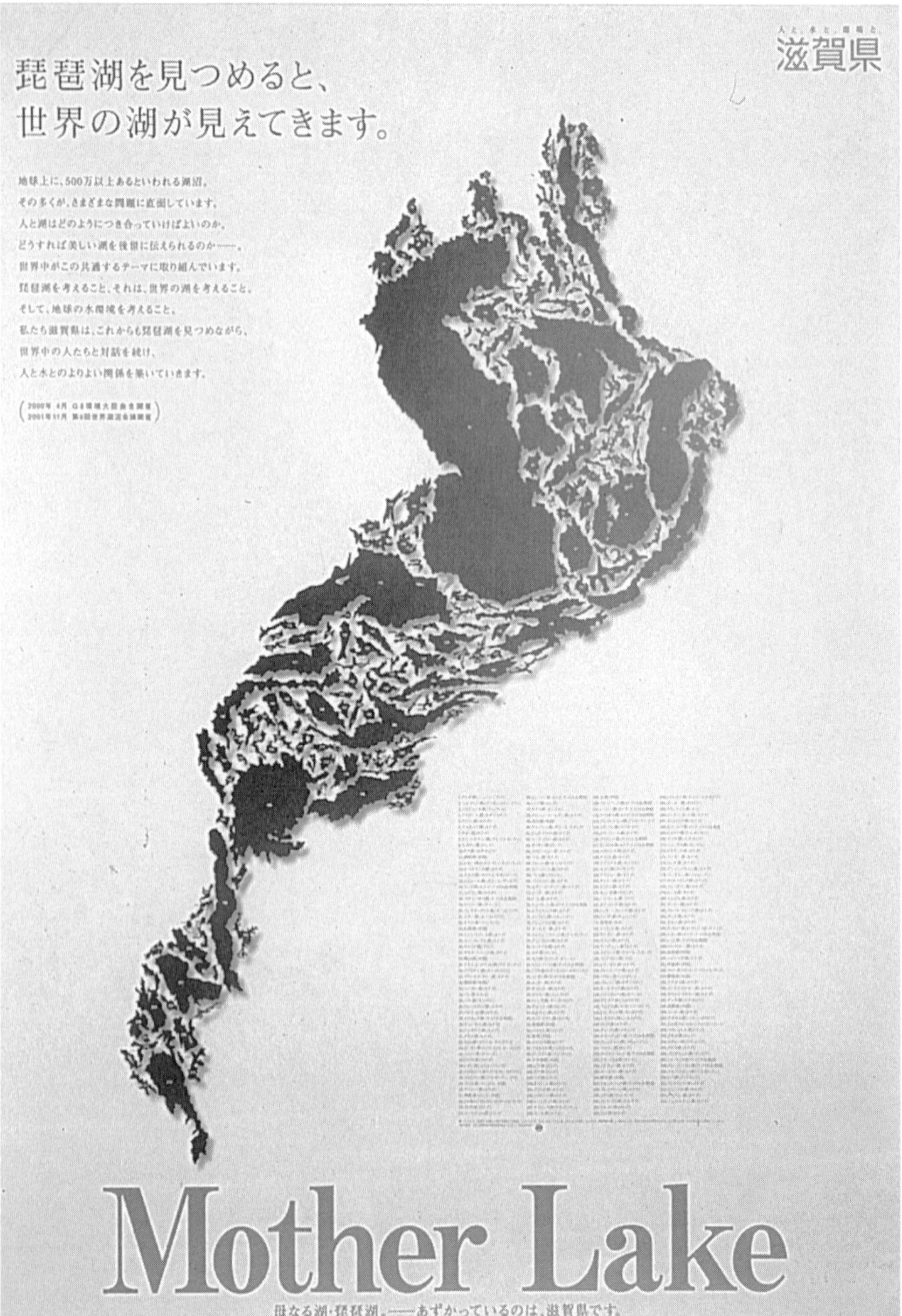

滋賀県
琵琶湖を見つめると、
世界の湖が見えてきます。
地球上に、500万以上あるといわれる湖沼。
その多くが、さまざまな問題に直面しています。
人と湖はどのようにつき合っていけばよいのか。
どうすれば美しい湖を後世に伝えられるのか——。
世界中がこの共通するテーマに取り組んでいます。
琵琶湖を考えること、それは、世界の湖を考えること。
そして、地球の水環境を考えること。
私たち滋賀県は、これからも琵琶湖を見つめながら、
世界中の人たちと対話を続け、
人と水とのよりよい関係を築いていきます。
（2000年 4月 G8環境大臣会合開催
2001年11月 第9回世界湖沼会議開催）
Mother Lake
母なる湖・琵琶湖。——あずかっているのは、滋賀県です。

2000年　琵琶湖風景・フォトモザイク

滋賀の熱きメッセージ

淡海《おうみ》文庫

淡海の芭蕉句碑(上)・(下)
乾　憲雄著
B6・並製　定価 各1,020円(本体971円)

ふなずしの謎
滋賀の食事文化研究会編
B6・並製　定価1,020円(本体971円)

お豆さんと近江のくらし
滋賀の食事文化研究会編
B6・並製　定価1,020円(本体971円)

くらしを彩る近江の漬物
滋賀の食事文化研究会編
B6・並製　定価1,260円(本体1200円)

大津百町物語
大津の町家を考える会編
B6・並製　定価1,260円(本体1200円)

信長 船づくりの誤算
—湖上交通史の再検討—
用田　政晴著
B6・並製　定価1,260円(本体1200円)

近江の飯・餅・団子
滋賀の食事文化研究会編
B6・並製　定価1,260円(本体1200円)

「朝鮮人街道」をゆく
門脇　正人著
B6・並製　定価1,020円(本体971円)

沖島に生きる
小川　四良著
B6・並製　定価1,020円(本体971円)

丸子船物語
—橋本鉄男最終琵琶湖民俗論—
橋本鉄男著・用田政晴編
B6・並製　定価1,260円(本体1200円)

カロムロード
杉原　正樹編・著
B6・並製　定価1,260円(本体1200円)

近江の城—城が語る湖国の戦国史—
中井　均著
B6・並製　定価1,260円(本体1200円)

近江の昔ものがたり
瀬川　欣一著
B6・並製　定価1,260円(本体1200円)

縄文人の淡海学
植田　文雄著
B6・並製　定価1,260円(本体1200円)

アオバナと青花紙
—近江特産の植物をめぐって—
阪本寧男・落合雪野著
B6・並製　定価1,260円(本体1200円)

近江の鎮守の森—歴史と自然—
滋賀植物同好会編
B6・並製　定価1,260円(本体1200円)

近江商人と北前船
—北の幸を商品化した近江商人たち—
サンライズ出版編
B6・並製　定価1,260円(本体1200円)

琵琶湖
—その呼称の由来—
木村　至宏著
B6・並製　定価1,260円(本体1200円)

テクノクラート 小堀遠州
—近江が生んだ才能—
太田　浩司著
B6・並製　定価1,260円(本体1,200円)

淡海文庫について

「近江」とは大和の都に近い大きな淡水の海という意味の「近（ちかつ）淡海」から転化したもので、その名称は「古事記」にみられます。今、私たちの住むこの土地の文化を語るとき、「近江」でなく、「淡海」の文化を考えようとする機運があります。

これは、まさに滋賀の熱きメッセージを自分の言葉で語りかけようとするものであると思います。

豊かな自然の中での生活、先人たちが築いてきた質の高い伝統や文化を、今の時代に生きるわたしたちの言葉で語り、新しい価値を生み出し、次の世代へ引き継いでいくことを目指し、感動を形に、そして、さらに新たな感動を創りだしていくことを目的として「淡海文庫」の刊行を企画しました。

自然の恵みに感謝し、築き上げられてきた歴史や伝統文化をみつめつつ、今日の湖国を考え、新しい明日の文化を創るための展開が生まれることを願って一冊一冊を丹念に編んでいきたいと思います。

一九九四年四月一日